Auguste Hélie

Traité Général
de la

Cuisine Maigre

POTAGES
ENTRÉES ET RELEVÉS
ENTREMETS DE LÉGUMES
SAUCES
ENTREMETS SUCRÉS
TRAITÉ DES HORS-D'ŒUVRE ET SAVOUREUX

Avec 50 Illustrations de FROMENT

PRÉFACE
PAR CHATILLON-PLESSIS

—⚬—

PARIS
BIBLIOTHÈQUE DE L'ART CULINAIRE
13, rue de l'Abbaye, 13
Et chez l'Auteur, 23, rue Vineuse

Prix : 6 fr.

Arcis-sur-Aube. — Typ. Frémont

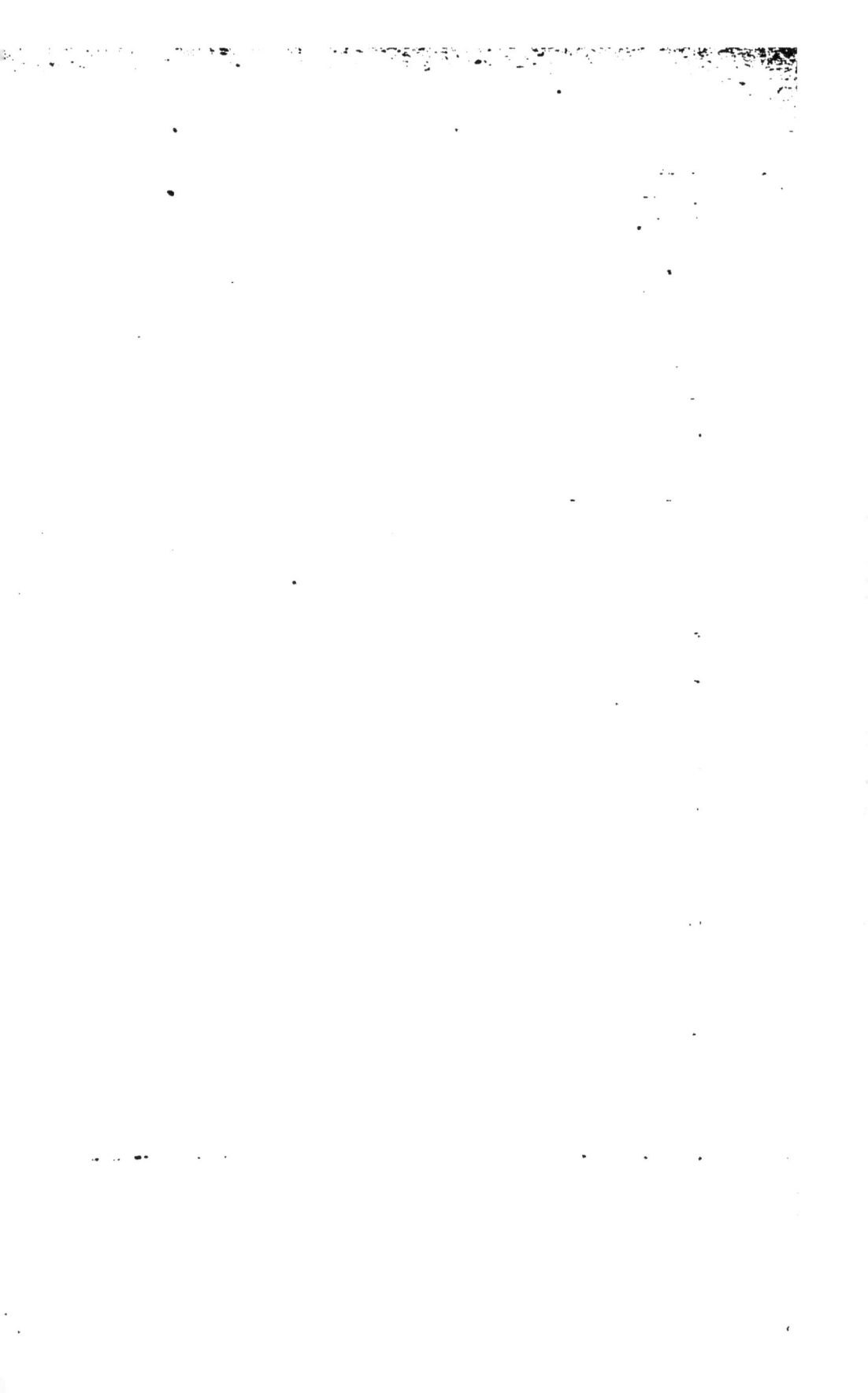

8° V

26399

Auguste HÉLIE

TRAITÉ GÉNERAL

de la

CUISINE MAIGRE

POTAGES
ENTRÉES ET RELEVÉS
ENTREMETS DE LÉGUMES
SAUCES
ENTREMETS SUCRÉS
TRAITÉ DES HORS-D'ŒUVRE ET SAVOUREUX

Avec 50 Illustrations de FROMENT

PRÉFACE

PAR CHATILLON-PLESSIS

:—

PARIS
BIBLIOTHÈQUE DE L'ART CULINAIRE
12, rue de l'Abbaye, 12
Et chez l'Auteur, 29, rue Vineuse

Prix : 6 fr.

PRÉFACE

——

Il est peu de livres desquels on puisse dire ce qu'on dira de celui-ci :

— Il manquait.

Et ce n'est pas un mince éloge à faire, dès ces premières pages, à l'œuvre d'Auguste Hélie.

Dans la masse d'ouvrages culinaires dont on lit les cinq mille titres dans le si curieux et si instructif Répertoire de Georges Vicaire (1), quelques-uns à peine peuvent, par leur intention, lui être rapprochés. Mais aucun, comme fond absolu, non plus que comme forme, ne lui ressemble.

Ici, il y a une volonté bien arrêtée, et toujours précise, à suivre un sujet spécial, et à l'épuiser jusqu'au bout, avec une conviction profonde et un talent toujours égal et toujours sûr.

Parmi les collaborateurs de l'Art Culinaire où il a su prendre une des premières places, depuis dix ans, Auguste Hélie réalise une physionomie bien particulière.

(1) **Bibliographie Gastronomique.**

Une grande bienveillance servie par un sourire sans
arrière-pensée, éclaire le visage de ce praticien sérieux en
son art, scrupuleux en ses procédés, plein d'expérience et
de goût.

Par son éducation parisienne, au centre de l'activité intel-
ligente où se vivifie le sens culinaire du Monde, l'auteur du
« Traité du Maigre », a pu, dès sa jeunesse, apprendre tout
ce qu'il faut savoir, en ces sciences si délicates des préparations. Par ses longs séjours à l'étranger, et particulièrement
en Angleterre, où les plus aristocratiques tables furent
dirigées par lui, tout ce qui pouvait être innové a été, par
. lui, tenté et réussi.

C'est donc un ensemble complet d'expérience et de savoir
qui produit ce livre, et le public ne s'y trompera pas. Il se
sentira à chaque ligne, guidé avec une grâce aisée, et sou-
tenu avec force.

Je n'ai, en conséquence, il me semble, aucun souhait à
exprimer sur les destinées du « Traité du Maigre », qui
saura bien tout seul réaliser les plus ambitieuses prophé-
ties.

Il m'est bien plus raisonnable de féliciter ici, simplement
et vigoureusement, un auteur que j'estime particulièrement
et qui est resté un ami dévoué de tous les efforts professionnels de cette fin de siècle.

Grâce à lui, j'en suis sûr, nos tables les plus sévères
connaîtront bien des agréments permis et l'art de faire
maigre prendra rang hygiénique autant que, parfois, même
somptueux.

On parle beaucoup de cuisine végétarienne depuis quelques années. *En voici les formules les plus délicates et les plus aimables, et de nature à n'éveiller jamais aucun regret. A de telles conditions, c'est plaisir que de renoncer aux joies dites substantielles.*

Les estomacs auxquels, pour une raison ou pour une autre, les mets gras sont interdits, devront une reconnaissance sans prix à l'Auteur de ce bel et utile ouvrage. Et quant aux autres, ils pourront user des privilèges végétariens avec profit. Ainsi, pour ceux-ci ou ceux-là, l'avantage est constant et ne fera que des heureux.

Combien d'in-folios énormes provoqueront plus de bruit, tiendront plus de place et feront moins de bien, en ce monde où sous le prétexte d'apprendre à bien parler, on perd, le plus souvent, le temps d'apprendre à bien vivre.

CHATILLON-PLESSIS.

Paris, janvier 1897.

A L'AUTEUR

—

Te souviens-tu de la prime jeunesse
Du temps heureux, ou, tout petits garçons,
Nous bâtissions la frêle forteresse
Nid pour la mouche et les colimaçons ?

Retraite sûre, et bien vite emportée
Du pied distrait d'un grand démolisseur...
Mais aussitôt, des ruines écroulées
Reparaissait l'œuvre du constructeur.

Jeux enfantins, vous reviviez de même
Dans les efforts de l'âpre travailleur,
Honneur à lui, qui prodigue et qui sème,
Pour les moissons, le grain fécondateur.

Qu'importe l'œuvre, elle existe et demeure !
C'est un jalon planté pour l'avenir.
L'idée enfin, burinée, à son heure,
Sur un granit qui ne devra périr...

Et, quand, assis devant l'âtre qui chante,
Tu reliras à tes petits neveux
L'Art de créer une chose alléchante,
Ils souriront, et tu seras heureux.

Plus tard encore, pour ordonner leurs fêtes,
En recherchant le volume endormi,
Ils rediront, en inclinant leurs têtes,
Souvenons-nous du livre de l'Ami !...

Ami, merci ! de ce recueil qui livre
Tant de secrets de cet art incompris !
Et vous, chercheurs, veuillez prendre ce livre
Ouvrez, lisez... Et vous serez conquis !...

ENVOI

Toi qui dépeint les mets que l'on mange en carême :
Savourys délicats, savoureux plats de crème,
Qu'eut fait rêver, béat, Brice, le gros baron,
Un jour, nous diras-tu, des recettes plus grasses ?
L'art de confectionner le salmis de bécasses,
Et le dindon truffé qu'on sert au réveillon ?...

Louis FAURE.

Fontenay-aux-Roses, 25 décembre 1896.

INTRODUCTION

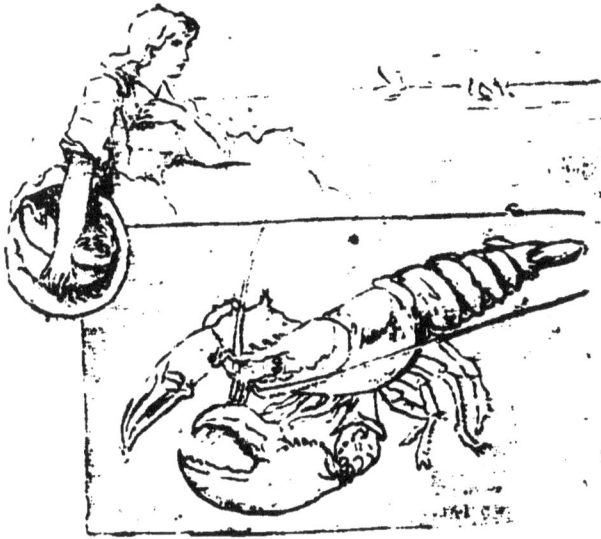

Au courant de mes longs travaux professionnels, j'ai été à même de m'apercevoir que les documents relatifs aux préparations maigres étaient, ou très rares, ou vaguement signalés dans les livres de cuisine générale. Il m'a paru, dès lors, utile autant qu'intéressant de rassembler à ce sujet tous les matériaux pouvant éviter les embarras que j'éprouvai moi-même si souvent dans la mise en œuvre des grands dîners maigres nécessaires aux familles dans lesquelles j'ai servi.

Bien des difficultés, je le crois, seront ainsi aplanies, car le maigre est aujourd'hui fort recherché et très apprécié. Un dîner maigre bien composé et bien compris comporte au point de vue gastronomique autant d'attraits qu'un dîner gras, outre le plaisir élevé de la difficulté vaincue, puisqu'il faut faire aussi bien avec de moindres éléments.

Dans certaines familles où le maigre est observé dans ses règles les plus sévères, mon expérience a puisé de vives excitations à produire avec ordre et raisonnement.

Le travail du maigre, en effet, exige beaucoup de soin, de propreté, de ménagements et de vigilance.

Les poissons doivent être de première fraîcheur, soit pour les farces, soit pour les entrées, relevés ou autres préparations, en chaud comme en froid.

On ne saurait trop insister sur ce point, car le poisson, base des préparations en maigre, est en lui-même très nutritif et très recommandé aux personnes délicates et de faible constitution, aux malades, enfin, et aussi aux enfants.

Mieux que les poissons d'eau douce, les poissons de mer sont à signaler comme étant plus sains et plus nourrissants. Et parmi les premiers, il faut encore préférer les poissons de fleuves, de rivières, des eaux rocailleuses et claires, à ceux des lacs, des étangs et autres eaux stagnantes et vaseuses.

On mange le poisson rôti, grillé, frit, bouilli, en farce à quenelle, etc. A la campagne, ou, lorsqu'on ne peut aisément se procurer du poisson de mer, il faudra s'enquérir des productions des eaux douces environnantes.

Les œufs jouent également un grand rôle dans la cuisine maigre, ainsi que les primeurs et la confection des pâtes.

A certaines saisons difficiles de l'année, et surtout pendant le Carême, l'embarras est parfois extrême pour la confection des grands dîners. En prévision de ces sortes de repas, l'essentiel est d'avoir en permanence un bon fonds de maigre d'avance, soit en conserve, soit en primeur. Un vivier bien entretenu, à la campagne est une ressource notable, outre les excellents produits d'alentour, œufs, beurre, etc.

Je parlais, plus haut, des nécessités de propreté dans le travail auquel cet ouvrage est consacré. On peut dire que tout ce qui concerne la cuisine doit participer de cette remarque. Aussi ne saurais-je trop recommander l'exemple charmant qu'offrent les cuisines anglaises. La vue des aides féminins, les *kitchen-maid* ou filles de cuisine, avec leurs bras nus et la rigoureuse blancheur de leurs tabliers permet, presque à l'avance, de recommander à l'appétit des convives les mets sortis d'un travail serré, soigné, propre enfin. Mon excellent ami et collègue M. Alfred Suzanne, a su parler avec autorité et talent de ces choses dans son beau livre la *Cuisine anglaise*, et je ne puis que rendre un égal hommage, sous ce rapport, aux habitudes culinaires d'outre-Manche. Nos cuisines françaises ont tant de supériorités, en d'autres cas, que ce parallèle ne peut les affaiblir. Mais il est bon, quand même, d'observer en tous pays, et d'emprunter, partout, ce qui peut rehausser l'art qui nous est cher.

Donc, propreté, soins, prévoyance, telles sont les premières nécessités qui président à une bonne entente de la cuisine maigre. Pour le reste, j'espère que les recettes et les indications qui suivent suffiront à toute personne de bonne volonté et de goût, pour atteindre le résultat que je me suis proposé dans cet ouvrage.

A. HÉLIE.

Paris, Décembre 1896.

TRAITÉ DU MAIGRE

TRAITÉ GÉNÉRAL

DE

LA CUISINE MAIGRE

PREMIÈRE PARTIE

I

SOUPES ET POTAGES

Fonds de bouillon maigre.

Prenez 6 belles carottes, dites Crécy, que vous coupez en rondelles ; prenez autant de navets, 4 oignons, 2 pieds de céleri, 2 panais, 1 bouquet de cerfeuil et de persil.

Foncez une petite marmite de tous les légumes de la saison : tels que pois, haricots verts, etc., couvrez les légumes d'eau jusqu'à hauteur et faites bouillir pendant 4 heures. Salez et écumez. Lorsque les légumes sont à peu près cuits, ajoutez un peu de sucre.

Passez votre bouillon dans une terrine vernissée et laissez dans un endroit frais pour vous en servir, soit pour mouiller vos purées de légumes ou potages aux légumes.

Autre préparation.

Prenez 6 belles carottes, 4 poireaux, 6 navets, 2 panais et un chou blanc bien pommé. Coupez tous ces légumes en lames très minces que vous placez avec un bon morceau de beurre dans une casserole. Laissez cuire les légumes à couvert ; lorsqu'ils sont tombés à glace, mouillez-les avec de l'eau à moitié hauteur de la casserole. Garnissez d'un oignon clouté, un bon bou‑ quet de persil et cerfeuil, thym, une feuille de laurier.

Laissez cuire pendant deux heures à peti bouillon.

Le deuxième fonds peut servir également aux purées et potages de légumes.

Bouillon de Légumes verts.

Foncez une casserole de lames de carotte, céleris, oignons, poireaux, faites cuire à couvert, ajoutez-y un demi-litre de petits pois, une petite botte d'asperges vertes, une ou deux laitues, une poignée d'oseille et d'épinards ainsi que quelques feuilles de poirée. Laissez cuire pendant 2 heures ; après cuisson, passez ce bouil- lon sur serviette pour vous servir à mouiller les purées de pois, d'asperges, de laitues ou autre purée de légumes verts.

Consommé de racine.

Coupez en lames fines, 6 belles carottes rouges, 2 poireaux, 2 ou 3 navets, 1 panais, 1 racine de persil et 1 pied de céleri.

Passez tous ces légumes au beurre sans les trop colorer, mouillez ensuite avec du grand bouillon de légumes, laissez mijoter sur le coin du fourneau jus- qu'à ce qu'il devienne très clair ; ajoutez-y un petit mor- ceau de sucre pour enlever l'âcreté des légumes qui existe toujours. Laissez cuire environ 3 heures, passez-le ensuite sur une serviette ou sur un tamis de Venise, après l'avoir bien dégraissé.

Ce consommé se sert avec toutes garnitures ainsi que les pâtes alimentaires.

Bouillon blanc de poisson de rivière.

Foncez une moyenne casserole de carottes émincées, coupez en rondelles un peu de céleri et racine de persil ciselé, ainsi qu'un bouquet de persil garni, sel, poivre en grain et muscade. Mettez 3 ou 4 livres de carcasse de brochet, barbillon, tanches, tout ce que vous pouvez disposer ; conservez les filets, soit pour vous en servir pour farce ou pour entrées. Mouillez le tout avec une bouteille de Chablis et de l'eau à couvert, salez légèrement, laissez cuire à petit feu de manière que le bouillon se dépouille par lui-même et devienne clair.

Après cuisson terminée, passez-le sur serviette dans une terrine vernissée, le laisser dans un endroit frais pour vous en servir.

Bouillon de poisson de mer.

Emincez quelques carottes, oignons, céleri, échalotes et racines de persil, que vous passez au beurre à couvert. Prenez ensuite les carcasses de 4 soles, 1 tête de turbot, la cuisson d'un litre de moules et d'une douzaine d'huîtres que vous mettez dans votre casserole, un bon bouquet de persil garni ainsi qu'un peu de fenouil, sel et poivre en grain. Mouillez avec un peu de Madère et de l'eau, faites partir sur le feu jusqu'à l'ébullition, ensuite le laisser bouillir doucement afin que le bouillon devienne clair et que la gélatine ait le temps de se détacher des os. Lorsque sa cuisson est terminée, l'écumer, le passer doucement sur serviette dans une terrine vernissée. Après refroidissement, mettez-le ensuite au frais ou à la glace, ce bouillon vous servira pour vos consommés de poisson avec garniture de poisson et autre.

Consommé de poisson.

Mettez un bon morceau de beurre dans une casserole sur le feu. Emincez 4 ou 5 carottes, 3 oignons ciselés, 2 ou 3 poireaux, 1 pied de céleri, 2 ou 3 échalotes, 1 ou 2 gousses d'ail, 1 fort bouquet de persil garni, 1 bouquet de basilic, une poignée de poivre en grains. Mettez le tout dans la casserole et tournez avec une cuiller de bois jusqu'à ce qu'ils prennent couleur en ayant soin qu'ils ne s'attachent pas à la casserole.

Mouillez ensuite avec 3 bouteilles de bon Chablis et 4 à 5 litres d'eau fraîche, ajoutez encore 1 tête de turbot coupée en petit morceaux, les carcasses d'une demi-douzaine de soles, 2 ou 3 grondins ainsi que les carcasses de 4 à 5 merlans dont vous conserverez les filets pour la clarification de votre consommé. Faites bouillir jusqu'à entière cuisson, passez ensuite à la serviette.

D'un autre côté pilez les filets de merlans en ajoutant 2 ou 3 blancs d'œufs, délayez cette chair avec votre bouillon par petite quantité de manière que le mélange soit bien fait, faites-le partir sur le feu en le remuant toujours jusqu'à l'ébullition. Lorsqu'il commence à bouillir retirez-le sur le coin afin qu'il se clarifie doucement pendant 1 heure environ, le dégraisser, le passer sur une serviette. Il doit avoir une belle couleur. Ce consommé peut servir à tous les potages de poisson clair avec garniture.

Bouillon de crustacés.

Lorsque vous avez beaucoup de carapaces de homards, langoustes, crabes, etc., pilez-les dans un mortier, les passer ensuite au beurre dans une casserole, en les tournant sur le feu avec une cuiller de bois ; mouillez ensuite avec une demi-bouteille de Sauterne et du bouillon de poisson, ajoutez un bon bouquet de persil garni. Ce bouillon peut vous servir pour les potages bisques.

Potage d'esturgeon aux quenelles.

Prenez une tête d'esturgeon d'une assez belle grosseur, coupez-la en morceaux de la grosseur d'un œuf, et mettez-les dans une terrine vernissée, faire dégorger ces morceaux sous un robinet d'eau fraîche pendant quelques heures afin que les chairs se dégagent de leurs parties sanguines.

Mettez ensuite tous ces morceaux dans une marmite, très propre, les couvrir d'eau, en y ajoutant une bonne bouteille de Chablis, saler convenablement, la mettre sur le feu jusqu'à ébullition ; ajouter à la marmite trois oignons dont un clouté de six clous de girofle, une demi-once de poivre en grains, un bouquet de basilic de marjolaine et un de fenouil. Retirez la marmite sur le côté et la laisser cuire doucement sans bouillir, avoir bien soin de la dégraisser le plus souvent possible, car l'huile qui remonte à la surface, pourrait en bouillant trop fort, blanchir le bouillon. De temps à autre, ajoutez un peu d'eau fraîche, pour l'éclaircir. Laissez cuire pendant une douzaine d'heures. C'est ainsi que les os de la tête se trouvent réduits à l'état gélatineux. Lorsque tout est cuit dégraissez-la bien et passez-la doucement sur une serviette, le bouillon doit être très clair, en prendre ce qu'il faut pour le potage et y ajouter un bon verre de madère sec, et le quart d'un jus de citron, une petite pincée de cayenne et versez dans la soupière en y ajoutant la garniture de quenelles.

Quenelles d'Esturgeon pour potage.

Prendre un quart de chair d'esturgeon, assaisonner de sel et poivre, piler la chair et lui joindre deux onces de beurre fin, une once de panade, un œuf entier. Passer cette farce au tamis fin et la laisser reposer sur la glace ou dans un endroit frais; au moment de s'en servir, la manier à la cuiller en lui incorporant de la crème double par petites parties, jusqu'à ce que la farce soit assez légère pour la pocher. Beurrez un plat à sauter, poussez au cornet des petites quenelles soit en petits pois, soit en petites chenilles, selon la forme que l'on désire, les pocher au moment et les dégraisser en les plongeant dans l'eau bouillante deux ou trois fois, les égoutter et les mettre dans le potage.

J'ai servi ce potage très souvent à des fins gourmets, qui le préféraient à celui de la tortue. L'on peut également le conserver en le mettant dans un vase de terre vernissé recouvert d'une baudruche bien ficelée, mettre ce vase au bain marie ou à la vapeur pendant vingt minutes, ensuite le laisser refroidir dans son bain et le placer dans un endroit frais, jusqu'à ce que l'on ait besoin de s'en servir.

Potage Tortue clair au maigre.

Ce potage est sans contredit le plus riche et en même temps le plus apprécié des bons gourmets, surtout pour ceux qui savent le manger. En Angleterre, il paraît presque toujours dans les grands festins luxueux ; on le sert aussi dans un déjeuner de noce. Je l'ai servi moi-même pour un déjeuner de noce à Londres, chez lord Dudley, de 60 couverts. Chaque personne avait sa soupière en argent massif, et dont le couvercle était surmonté d'une couronne comtale ainsi qu'aux armes de la maison.

Choisissez une belle tortue vivante, attachez-lui les deux nageoires de derrière, la pendre, ensuite lui couper la tête, la laisser saigner toute une nuit. Le lendemain vous la placez sur une table sur son dos, avec votre couteau (il faut avoir un couteau très fort et court), vous lui enlevez la carapace en faisant glisser votre couteau entre les jointures, lorsque le plastron est détaché enlevez toutes les graisses et les boyaux. (Ces boyaux se servent en Amérique, en les faisant blanchir et les couper en petits morceaux, mais en Angleterre l'on ne les sert pas). Détachez également les nageoires et le cou de la carapace ainsi que les chairs et les os. Ce sont ces chairs que l'on nomme noix parce qu'il y a beaucoup de ressemblance à la noix de veau ; l'on peut également la servir comme entrée sous différentes formes, comme vous le verrez plus loin dans ce livre.

Coupez la carapace en gros carrés, les faire blanchir et dégorger à l'eau fraîche quelque temps.

Ensuite les cuire à grande eau ; faire blanchir également les nageoires et le cou pour les gratter, les adjoindre aux autres morceaux coupés. Lorsque vous voyez que les morceaux sont tendres au toucher et que les chairs se retirent facilement des os, que l'écaille puisse se retirer de même, les enlever ; déposer ensuite les morceaux dans une terrine en les couvrant de leur propre cuisson. Coupez les os que vous mettrez dans une marmite ainsi que le reste des viandes, les nageoires et le cou. L'on peut également y ajouter deux têtes de turbots bien frais, mouillez la marmite avec deux ou trois bouteilles de vin de Chablis et une bouteille de Madère ainsi que le reste de la cuisson, finir de remplir avec de l'eau. Faites partir la marmite sur le feu jusqu'à son ébullition, avoir bien soin de l'écumer, la garnir de carottes, oignons, cloutés de girofle, un pied de céleri, poireaux, un bon bouquet de persil garni fortement, quelques gousses d'ail, la laisser bouillir sur le côté du feu pendant au moins 6 heures ; lorsque les nageoires et le cou sont cuits vous les retirez pour les désosser, les mettre à mesure dans une terrine toujours recouverte de leur cuisson. Lorsque les viandes et les os sont assez cuits, dégraissez bien le bouillon et passez-le ensuite à travers une serviette et le mettre au frais pour vous en servir.

D'autre part, coupez les morceaux de graisse que vous avez mis de côté, en petits morceaux ; faites-les blanchir. Cette graisse doit être servie à part dans une saucière, ce que l'on nomme en anglais *Greenfat*. Quelques minutes avant de servir, faites une petite infusion d'herbes à tortue, qui se compose de marjolaine, basilic, sariette, une branche de thym et un peu de romarin. Mettez ces herbes dans une petite mousseline que vous attachez, puis dans un bain-marie où vous aurez mis un bon verre de Madère à bouillir. Mettez cette infusion dans votre soupe au dernier moment en y ajoutant le jus d'un citron. Choisissez les morceaux qu'il vous faut pour votre potage à couvert au bain-marie. Versez assez de bouillon pour votre potage dans la soupière, mettez-y vos morceaux et servez la graisse à part dans.une saucière ou une timbale d'argent.

On sert également en même temps un verre de Milk Punch pour chaque convive.

Milk Punch pour Potage Tortue.

Prenez les zestes de deux citrons et de deux oranges, ayez soin qu'il ne reste pas de blanc après vos zestes sans quoi votre punch serait amer. Faites une infusion dans un sirop léger pendant une demi-heure, ajoutez à votre infusion un demi-litre de bon rhum et un peu de kirsch ainsi que le jus de trois citrons et de deux oranges. Lorsque le tout est mêlé, versez-y un verre

1,

de lait, donnez-lui un coup de fouet, laissez-le ensuite reposer quelque temps ; passez-le à la chausse ou au papier-filtre, et mettez-le en bouteille et laissez-le au frais à la cave pour vous en servir.

Soupe de tortue liée.

Cette soupe ne diffère de l'autre que par sa liaison. Mettez 2 ou 3 cuillerées à bouche d'arowroot ou de fécule de pommes de terre que vous lavez à l'eau fraîche. Laissez-la déposer quelques minutes. Lorsque votre bouillon est en ébullition versez-le sur l'arowroot après en avoir jeté l'eau ; maniez au fouet à blanc d'œuf à mesure que votre bouillon tombe dessus, laissez-le au bain-marie jusqu'au moment du service, mettez les morceaux de tortue dans la soupière et versez votre soupe dessus en y ajoutant comme à l'autre un jus de citron et une infusion d'herbes à tortue.

Le Punch se sert également avec.

Soupe Tortue à l'Indienne.

Comme la tortue liée, excepté que les morceaux de tortue sont coupés plus petits. Vous ajoutez une cuillerée de pâte à Curry ainsi qu'un lait de coco bien frais, une pincée de sucre ainsi qu'une petite garniture de riz des Indes (Patna) préalablement blanchi d'avance, le mettre dans la soupière au dernier moment.

Soupe d'Esturgeon à la Russe.

Prenez du bouillon de tête d'esturgeon, servez avec une petite garniture ainsi préparée :

Mettez à tremper deux onces de vesiga à l'eau fraîche pendant une demi-journée ; lorsque votre vesiga est grossi et bien détendu coupez-le en carrés longs, faites-le blanchir à grande eau, l'égoutter et le faire cuire dans du bouillon de tête d'esturgeon jusqu'à ce qu'il soit moëlleux et transparent, versez-le dans le potage en y ajoutant un demi-verre de Madère et le jus d'un demi citron.

Soupe d'Esturgeon liée aux petites quenelles.

Faites comme pour la Tortue liée.

Garnissez le potage avec des petites quenelles faites avec la chair d'esturgeon. Ajoutez à votre soupe un bon verre de crème aigre, un peu de fenouil haché, ainsi qu'un bon morceau de beurre fin et bien frais. *(Voyez Quenelles d'esturgeon)*.

Consommé aux escalopes d'esturgeon.

Coupez de petites escalopes sur un morceau d'esturgeon, les faire très petites et très minces, de la grosseur d'une pièce de 2 francs ; beurrez légèrement un plafond d'office, placez-y vos escalopes après les avoir assaisonnées, les couvrir d'un papier beurré, faites-les pocher au four, ensuite les égoutter sur une serviette, afin d'en éponger le beurre, placez vos escalopes dans la soupière, votre consommé d'esturgeon par dessus avec le jus d'un demi citron ainsi qu'un petit verre de Madère.

Consommé aux quenelles de brochet.

Faites une farce de brochet, comme pour les farces de merlan, montez-la également à la crème, beurrez un plat à sauter, poussez des petites quenelles au cornet. Lorsque le plat à sauter est plein, versez de l'eau bouillante dessus, couvrez-le d'un couvercle et laissez-les pocher. Quelques minutes suffisent. Les égoutter ensuite, versez votre consommé dans la soupière, ajoutez-y vos quenelles ; dégraissez bien le potage avec du papier de cuisine et servez.

Consommé aux quenelles et brunoise.

Faites de même que le précédent. Ajoutez-y une petite brunoise en versant votre consommé aux quenelles dans la soupière ainsi qu'une petite peluche de persil.

Consommé aux quenelles de carpe.

Préparez ce potage comme il est indiqué aux quenelles de brochet.

Consommé aux quenelles garnies de queues d'écrevisses.

Procédez de même que pour les potages aux quenelles, seulement avant de piler votre farce, ajoutez-y
un peu de corail de homard afin de donner une couleur
rouge à la farce, la monter à la crème, y mêler un salpicon de queues d'écrevisses, pocher la farce ensuite
par de petites quenelles à la cuiller, versez votre consommé dans la soupière, ajoutez vos quenelles et
servez.

Printanier aux quenelles de carpe.

Préparez une petite garniture de légumes que vous
faites blanchir selon les règles. Au moment de servir
mettez votre consommé ainsi que les quenelles dans la
soupière, ajoutez-y votre garniture de légumes et une
petite peluche de cerfeuil.

Consommé aux quenelles de merlan.

Remplacez les quenelles de saumon par des quenelles de merlan.

Consommé aux quenelles et racines de persil.

Faites une petite julienne de racines de persil que
vous blanchissez à fond, l'ajouter après cuisson à votre
potage avec les quenelles.

Consommé aux quenelles de saumon en demi-deuil.

Ajoutez à votre farce un petit salpicon de truffes coupées en dés, au dernier moment pochez vos quenelles à la petite cuiller, égouttez-les. mettez-les dans votre potage et servez.

Consommé aux quenelles de saumon et céleri.

Préparez une petite julienne de céleri que vous ajoutez à votre potage en servant.

Consommé aux escalopes de saumon.

Préparez votre potage comme à l'article : Consommé aux escalopes d'esturgeon.

Escalopes de saumon à la Dijonnaise.

Préparez des escalopes comme ci-dessus. Passez deux ou trois oignons émincés dans du beurre, une gousse d'ail, un peu de thym et persil, mouillez le tout avec une bouteille de vieux Bourgogne et du consommé de poisson, laissez cuire au petit feu ; liez le tout après l'avoir passé à l'étamine, ajoutez-y un bon morceau de beurre, mettez vos escalopes dans la soupière ainsi que votre potage.

Consommé aux escalopes de saumon.

Préparez comme celui d'esturgeon.

Escalopes de truite à la crème.

Liez votre consommé comme il est indiqué à l'article : Tortue liée. Ajoutez-y un bon verre de crème, un bon morceau de beurre fin, vannez votre potage, mettez vos escalopes dans la soupière et servez.

Escalopes de truite garnies de julienne.

Ajoutez dans votre consommé une petite julienne de carotte, céleri, navet et racine de persil, ainsi qu'une petite peluche de cerfeuil et de fenouil.

Potage lié aux escalopes d'esturgeon au beurre d'anchois.

Faites comme pour la tortue liée et dans les mêmes principes, mettez vos escalopes dans la soupière, finissez par une liaison de 3 ou 4 jaunes d'œufs, un verre de crème ainsi qu'un beurre d'anchois, vannez votre potage et servez.

Consommé aux quenelles de saumon.

Faites une petite farce à quenelle avec la chair d'une tranche de saumon, comme il est dit à l'article Farce. Montez cette farce à la crème et pochez de petites quenelles à la cuiller à café, dans un plat à sauter beurré. Versez ensuite de l'eau bouillante dessus vos quenelles et laissez-les pocher sans bouillir, les égoutter, les joindre au consommé dans la soupière.

Escalopes d'anguille au fenouil.

Dépouillez une belle et grosse anguille de ses deux peaux, la désosser sans la briser, la couper en deux ou trois parties, la faire cuire avec du vin blanc mélangé d'eau, la garnir d'un oignon ciselé, un bouquet de persil, de thym et de fenouil. Lorsqu'elle est cuite, laissez-la refroidir sous presse. Lorsqu'elle est froide, coupez de petites escalopes que vous tenez au chaud, pour mettre dans le consommé au moment de servir, ainsi qu'une peluche de fenouil.

Bouillabaisse.

Pour faire la vraie bouillabaisse comme elle doit être faite, il faut d'abord être sur les lieux où l'on trouve les sortes de poissons, mais aujourd'hui avec les chemins de fer rien n'est impossible de se les procurer.

Prenez, si vous trouvez, un lot de poissons tel que 1 chapon (poisson rouge écarlate), 1 rascasse, 1 serre (poisson vert), 1 rouquet, 1 sarreau, 1 perche, 1 annet, 1 petite mourelle (espèce d'anguille couleur de serpent), 1 morceau de congre, 1 sourdo (poisson vert), 2 ou 3 petites langoustes grosses comme des belles écrevisses. Voilà pour le poisson.

Mettez dans une sauteuse une cuiller à bouche d'huile d'olive par personne, c'est-à-dire que si vous avez six personnes, mettez six cuillerées d'huile, coupez ensuite deux ou trois oignons en petits dés, ainsi que deux ou trois échalotes et deux gousses d'ail. Faites revenir le tout sur un bon feu en tournant avec une cuiller de bois jusqu'à ce que les oignons soient d'un blond léger,

ayez des petites tomates que vous coupez en deux et
épépinez, retirez la sauteuse du feu, mettez-y vos tomates, salez, poivrez, mettez vos morceaux de poisson
que vous aurez coupés d'avance dessus vos tomates.
Mouillez le tout avec de l'eau, mettez-y également un
fort bouquet d'herbes aromatiques, ou si vous en avez
des sèches, écrasez les dans vos mains, de manière
qu'elles soient en poudre. Faites partir le tout, laissez
mijoter 25 minutes, à la fin ajoutez-y une pincée de
safran et un bon jus de citron. Placez ensuite de belles
tranches de pain dans un plat, dressez vos morceaux
de poisson dessus et arrosez-les de leur fonds qui se
trouve lié naturellement; l'on peut y mettre aussi un
peu d'écorce d'orange. Cela est très bon lorsque le
poisson est bien frais et que les langoustes soient découpées vivantes.

Bouillabaisse à la Parisienne.

Choisissez un ou deux merlans, un morceau de
congre, une ou deux soles, deux petits rougets, un morceau de turbot, une ou deux petites langoustes. Pré-
parez-la comme ci-dessus et servez sur des tranches
de pain également.

Potage aux huîtres.

Faites blanchir trois ou quatre douzaines de belles
huîtres, les égoutter, tout en conservant le fond qui
doit servir pour votre potage, les éplucher, c'est-à-dire
ne conserver que la noix, les mettre de côté, au frais
ou sur la glace ; d'un autre côté, ayez quelques biscuits

anglais, que vous écrasez avec le rouleau comme de la chapelure, prenez votre fonds de cuisson d'huîtres, allongez-le avec du lait, assaisonnez de bon goût, prenez un bon morceau de beurre que vous y mêlez par petites quantités en vannant votre potage, finissez-le avec une pinte de bonne crème, mêlez-y vos biscuits écrasés ainsi que vos huîtres et servez. Avoir soin que ce potage ne se mette pas en ébullition.

Potage aux moules.

Procédez de la même manière que pour les huîtres.

Potages aux coquillages.

Procédez de la même manière que pour les huîtres.

Bisque d'écrevisses.

Choisissez un demi cent de belles écrevisses, lavez-les, mettez-les ensuite dans une casserole avec deux oignons coupés en rouelles, sel, thym, laurier, basilic, marjolaine, une gousse d'ail. Mouillez le tout avec une bouteille de vin blanc de Chablis, faites partir à grand feu en les sautant afin que les écrevisses cuisent régulièrement. Lorsqu'elles sont cuites, laissez-les refroidir dans leur fonds. Séparez les queues des corps, les éplucher et mettre les queues de côté. Pilez les carapaces que vous mettez ensuite sur le feu dans le fond des écrevisses, ajoutez-y une demi livre de mie de pain et laissez cuire pendant environ une heure, ensuite passez le tout à l'étamine, mettez cette purée dans une casserole, finissez-la de mouiller avec du fond de poisson ou du consommé de poisson. Coupez les queues d'écrevisses en deux ou trois parties, ajoutez-les à votre potage, finissez-les avec un bon morceau de beurre fin et un beurre d'écrevisses en vannant votre potage, et servez bien chaud.

Bisque d'écrevisses aux petites quenelles.

Procédez comme le précédent potage, en le servant ajoutez-y une petite garniture de petites quenelles de poisson quelconque.

Bisque d'écrevisses à la crème.

Ajoutez à votre potage bisque un peu de velouté de poisson et une liaison do deux ou trois jaunes d'œufs ainsi que deux verres de bonne crème, vannez votre potage en y ajoutant un bon morceau de beurre fin et servez.

Bisque d'écrevisses à l'Indienne.

Passez un oignon d'Espagne ciselé dans du beurre. Lorsque l'oignon est d'un beau blond, ajoutez-y une cuiller de poudre de Curry des Indes ainsi que le jus d'un coco, laissez cuire doucement ; après cuisson passez à l'étamine, ajoutez cette purée à votre potage et quelques cuillerées de riz des Indes blanchi, vannez votre potage et servez.

Bisque de homard.

Coupez deux ou trois carottes, un oignon, une gousse d'ail en lames très fines, passez le tout dans le beurre sur le feu. Mouillez ensuite avec une bonne bouteille de Chablis et du bouillon de crustacés, si vous en avez, ou du bouillon de poisson. Laissez cuire environ une heure. Ajoutez à votre fonds trois ou quatre homards bien pleins et vivants. Laissez-les cuire pendant environ une demi-heure. Lorsque les homards sont cuits, retirez-en les queues et les pattes que vous taillez en petites escalopes que vous mettez de côté pour votre garniture de potage, le reste des carapaces que vous pilez, en réservant le corail pour faire le beurre de homard. Remettez les carapaces pilées dans la cuisson avec une demi-livre de mie de pain et laissez cuire doucement. Lorsque le tout est cuit, passez à l'étamine, remettez votre purée dans une casserole pour la faire bouillir, au dernier moment ajoutez-y un beurre de homard ainsi que vos escalopes et servez.

Bisque de homard au riz.

Enlevez les chairs de deux homards cuits, que vous pilez en y ajoutant un peu de beurre bien frais et une couple de cuillerées de sauce béchamel, pour l'étendre et en faciliter le passage au tamis. D'un autre côté, pilez les carapaces ainsi que les dedans des homards, faites blanchir un peu de riz ; l'égoutter et le mouiller à couvert avec du fond de poisson et mettre les carapaces pilées avec le riz, lorsqu'il est cuit ; pilez et passez le tout à l'étamine ; mêlez le tout avec les chairs déjà passées ; placez votre potage au bain-marie, de manière qu'il soit bien chaud sans bouillir ; lui ajouter, au moment, de la bonne crème et du beurre en petite quantité à la fois, en ayant bien soin de vanner le potage. Au moment de servir, ayez un peu de riz cuit à l'avance pour votre garniture, que vous mettez au moment où le potage part.

Bisque de homard au sagou.

Préparez votre bisque comme la précédente, seulement au lieu de mie de pain ajoutez-y du sagou.

Les bisques de crabes, de crevettes, se font de la même manière et l'on peut employer toutes sortes de garniture à l'infini.

Purée de turbot au Curry à l'Indienne.

Passez un ou deux oignons d'Espagne coupés en rouelles dans une casserole avec un morceau de beurre ainsi qu'une cuillerée de poudre à Curry. Mouillez avec du fond de poisson et un verre de vin blanc, ajoutez un morceau de turbot et une demi-livre de mie de pain, laissez cuire une heure, ensuite égouttez le turbot que vous pilez et passez à l'étamine ainsi que la cuisson ; finissez votre potage avec un lait de coco ainsi qu'un bon morceau de beurre et un verre de crème ; vannez votre potage et servez.

Potage Julienne.

Prenez carottes, navets, poireaux, oignons, un peu de chou, céleri et quelques haricots verts, pointes d'asperges ; après être épluchés, coupez-les en julienne, faites revenir dans une casserole avec un morceau de beurre et mouillez à couvert avec du bouillon maigre, ou simplement avec de l'eau et laissez-le cuire et tom-

ber à glace; ensuite, y ajouter un petit morceau de
sucre, mouillez le tout avec du bouillon de légumes et
servir bouillant en y ajoutant une petite pluche de cerfeuil, ainsi qu'une petite chiffonnade de laitues et oseil-
les préalablement blanchies.

Purée Crécy au Riz.

Emincez plusieurs belles et bonnes carottes bien fraîches et rouges, faites revenir le tout avec un bon morceau de beurre dans une casserole sur le feu, en ayant
soin, toutefois, que cela ne pince pas, ensuite, mouillez
à couvert comme pour la julienne, ajoutez-y aussi un
petit morceau de sucre et laissez cuire doucement à
couvert, ajoutez-y un petit oignon et un peu de cerfeuil.
Lorsque tout est cuit, égouttez-en le bouillon, pilez les
carottes au mortier et passez cette purée au tamis fin
ou à l'étamine, ensuite, mouillez avec du bouillon de
légumes, pour la quantité de personnes que vous avez
à servir. Ayez aussi du riz cuit d'avance pour mettre
dans votre potage au moment de partir. Ce potage n'a
pas besoin de croûtons, le riz en fait seul la garniture.

Purée de pois aux croûtons à la Fermière.

Prenez un litre de pois secs, mettez-les à bouillir
avec un bon morceau de beurre, une carotte, un bon
bouquet garni, les assaisonner après moitié cuisson.
Lorsqu'ils sont cuits, les égoutter et les passer à l'étamine, et les finir en mouillant avec du consommé de
légumes, un bon verre de crème double et un morceau

de beurre frais, divisé par petites parties. Vannez le potage et envoyez à part des croûtons frits sur serviette.

Potage Tortue clair.

J'ai déjà donné la recette de ce fameux bouillon de tortue, qui est un des premiers et des plus confortables à l'estomac ; il revient bien plus cher que le consommé, mais, en somme, il est maigre et c'est un des aliments le plus succulent ; il faut qu'il soit mangé bien chaud et accompagné d'un bon verre de Milk Punch.

Purée de Céleri à la Crème.

Choisissez de beaux pieds de céleri bien blancs que vous parez et lavez ; faites-les blanchir quelques minutes et les rafraîchir ensuite. Foncez une casserole avec un morceau de beurre, un oignon coupé en lames ; mettez-y vos céleris coupés en rondelles, ainsi que deux ou trois pommes de terre ; assaisonnez de bon goût et mouillez le tout avec du lait. Faites cuire à petit feu jusqu'à cuisson terminée, égouttez et passez au tamis fin ; mouillez votre potage avec sa cuisson et le finir avec un morceau de beurre frais, une liaison de trois jaunes d'œufs et de la crème, ayant soin de vanner votre potage au bain-marie jusqu'au moment de le servir. L'on peut également envoyer des petits croûtons de pain passés au beurre, servis sur serviette.

Crème d'asperges aux pointes.

Prenez de bonnes asperges vertes que vous choisissez bien tendres, les nettoyer, en séparer les têtes pour les blanchir, ce qui doit servir de garniture au potage ; cassez les asperges en petites parties et au plus tendre, les mettre à cuire avec un morceau de beurre et à couvert d'eau ; après cuisson, les passer à l'étamine, lier le potage avec de la bonne crème et plusieurs jaunes d'œufs et un morceau de beurre bien frais au dernier moment, par petites parties, en vannant votre potage au bain-marie, ajoutez les têtes que vous avez blanchies, comme garniture.

Potage Palestine.

Prenez deux ou trois livres de topinambours frais (ou artichauts de Jérusalem), les éplucher, les couper en lames ; mettre un bon morceau de beurre dans une casserole, y placer vos topinambours et les mouiller à couvert avec du lait ; les assaisonner et les cuire jusqu'à ce qu'ils soient en purée, les égoutter, les passer à l'étamine, allonger cette purée avec le reste du fond en y ajoutant un morceau de beurre et de la crème fraîche ; conservez le potage au bain-marie bien chaud et envoyez sur serviette, à part, des petits croûtons frits au beurre.

Purée de Potiron à la Crème.

Le Potiron est une espèce de courge, genre de la *monœcie monadelphie,* et de la famille des cucurbitacées.

Il y a des potirons verts et jaunes ; leur chair constitue un aliment très sain et rafraîchissant.

Prenez de préférence une belle tranche d'un potiron
jaune, émincez-la dans une terrine et faites-la blanchir
à l'eau de sel, la passer au tamis fin et mouiller avec
du lait, y ajouter un bon morceau de beurre bien frais,
un morceau de sucre et de la crème, l'on peut également envoyer des petits croûtons frits sur une serviette.

Potage Brunoise.

Taillez des légumes en petits carrés ou dés : carottes, oignons, navets, céleris, poireaux ; procédez comme
pour la Julienne maigre et servez des petites tranches de
pain grillé à part.

Potage d'Esturgeon au Vésiga.

Mettez à tremper du vésiga dans une terrine d'eau
fraîche pendant une journée ; lorsque votre vésiga est
bien étendu comme des rubans, coupez-les en morceaux d'égale grosseur ; le faire blanchir et le cuire doucement dans du bouillon d'esturgeon ; lorsque le vésiga
est transparent comme de la gélatine, il est cuit ;
l'égoutter, le mettre dans la soupière ainsi que votre
bouillon d'esturgeon, ajoutez-y une petite peluche de
fenouil et servez.

Purée de Légumes à la Crème.

Choisissez des légumes frais, tels que carottes, navets, céleris, poireaux, un petit chou-fleur, quelques haricots verts et petits pois ; coupez les légumes en rondelles et faites les cuire avec un bon morceau de beurre, et les mouiller avec du bouillon de légumes ou simplement avec de l'eau, si vous n'avez pas de bouillon. Après cuisson, passez le tout à l'étamine et finissez avec un morceau de beurre et de la crème.

Consommé de Racines au Sagou.

Prenez du consommé de légumes ; faites-le bouïllir. Lorsqu'il est en ébullition, versez du sagou à peu près une cuillerée par personne, vannez votre potage afin que le sagou ne se mette pas en grumeaux, laissez-le cuire à petit feu et servez.

Potage de Laitance aux Petits Pois.

Prenez quelques laitances de carpe, que vous faites dégorger pendant quelques heures où l'eau se renouvelle de temps à autre par un petit jet coulant continuellement ; faites-les blanchir à l'eau de sel acidulée, soit avec un jus de citron ou un peu de vinaigre, quelques minutes suffisent pour les blanchir ; retirez-les et mettez-les à rafraichir dans l'eau pour en enlever l'acidité ; égouttez-les sur une serviette ; découpez-les en morceaux égaux ; mettez votre consommé de poisson dans une soupière, ajoutez-y vos morceaux de laitance et quelques cuillerées de petits pois blanchis d'avance, selon la quantité de personnes que vous servez.

Brunoise au Tapioca.

Préparez une petite brunoise comme il est indiqué, la laisser tomber un peu à glace ; faites ensuite bouillir du consommé de légumes, dans lequel vous ajoutez du tapioca ; lorsqu'il est assez cuit, versez-y votre brunoise et servez.

Potage Sagou aux Navets.

Choisissez des beaux navets : faites des petites boules avec une cuillère à légumes ; blanchissez-les à l'eau de sel ; les cuire ensuite avec un morceau de beurre, un petit morceau de sucre et un peu d'eau, mettez bouillir du consommé de racines et versez-y du sagou en remuant avec la cuiller ; finissez de cuire sur un feu doux pendant vingt minutes ; ajoutez-y vos petites boules de navets et servez.

Purée de Tomates à la Fermière.

Prenez une douzaine de bonnes tomates fraîches et de belle couleur. Faites une petite mirepoix composée de carottes, oignons coupés en dés, un peu de thym, laurier et persil ; faites revenir le tout dans du beurre ; lorsque votre mirepoix est assez revenue, mouillez-la

avec un demi-verre de vin blanc sec, ajoutez-y vos
tomates coupées en quatre ; laissez cuire à petit feu et
à couvert ; après cuisson, passez-le tout au tamis fin ou
à l'étamine, de manière que vous ayez une bonne purée
et qu'elle soit de bon goût ; finissez de mouiller avec du
consommé de légumes et un morceau de beurre
frais. Choisissez de petits œufs que vous faites cuire
mollets ; servez-les dans la soupière ou à part.

Julienne de Céleri aux Quenelles de Saumon.

Préparez en julienne trois ou quatre pieds de céleris
bien blancs et tendres, faites cuire comme la julienne
ordinaire et mouillez avec du consommé de poisson :
d'un autre côté, préparez des petites quenelles de saumon que vous mettez en même temps que la julienne
dans la soupière et servez.

Purée de Poireaux à la Crème.

Prenez une grosse botte de poireaux, choisissez le
blanc que vous fendez en quatre sur leur longueur, les
bien laver, les faire blanchir à l'eau de sel, les rafraîchir, les éponger ensuite en les passant entre les mains
comme pour les épinards. Mettez un morceau de beurre
dans une casserole ainsi que vos poireaux blanchis.
Mouillez-les avec du lait ; les assaisonner et les cuire à
petit feu ; lorsque vous voyez que les poireaux sont
assez cuits, ajoutez-y un tiers de bonne béchamel, pas-

sez le tout à l'étamine et finissez votre potage avec un
bon morceau de beurre fin, un verre de bonne crème
et une liaison de deux ou trois jaunes d'œufs; en même
temps, l'on peut également envoyer sur serviette des
petits croûtons frits au beurre.

Purée de Marrons à la Crème.

Choisissez de beaux marrons que vous émondez de
leurs écorces à l'eau bouillante ; faites-les cuire ensuite
dans du lait. Lorsque vous voyez qu'ils sont assez
cuits, pilez-les et passez cette purée à l'étamine, en y
ajoutant, de temps à autre, quelques cuillerées de lait
bouillant pour en faciliter le passage à l'étamine ; ajoutez-y un bon morceau de beurre, une pincée de sucre,
un demi-litre de crème fraîche. Vannez votre potage au
bain-marie, et servez des petits croûtons de pain frits, à
part, dressés sur une serviette.

Potage aux Moules à la Marseillaise.

Dans mon dernier passage à Marseille, j'ai mangé
plusieurs mets que je ne connaissais pas. Le chef de
l'établissement a bien voulu m'en donner les recettes.

Choisissez de belles moules bien fraîches, les bien
nettoyer et les faire pocher à couvert ; d'une autre part,
coupez le blanc de plusieurs poireaux de la longueur
de deux centimètres, les faire revenir dans de la bonne
huile d'olive et un peu de beurre. Lorsque vos poireaux
sont bien revenus, mouillez-les avec de l'eau, assaison-

2.

nez de bon goût, laissez mijoter quelque temps afin que
les poireaux soient complétement cuits. Mêlez-y du
gros vermicelle également. Lorsque le vermicelle est
assez poché, versez-y vos moules, faites au dernier
moment une petite liaison d'un verre de crème et un peu
de jus de moules, finissez avec un bon morceau de beurre
frais et servez bien chaud.

SOUPES SIMPLES

Soupe aux Légumes.

Choisissez des légumes bien frais tels que carottes, navets, poireaux, oignons, et quelques feuilles de choux, coupez tous ces légumes de la même grosseur, pas trop gros cependant, mettez un bon morceau de beurre dans une casserole ainsi que vos légumes, faites-leur prendre couleur en les remuant avec une cuiller de bois ; lorsqu'ils sont un peu colorés, couvrez-les avec de l'eau, un peu de sel, faites cuire à couvert de manière que l'arôme des légumes soit concentré ; lorsque les légumes sont cuits, ajoutez-y du bouillon de légumes si vous en avez, ou de l'eau si vous n'en avez pas ; goûtez si la soupe est bonne, mettez quelques tranches de pain à potage dans la soupière et servez.

Soupe de Poireaux au lait.

Prenez une dizaine de poireaux épluchés, nettoyez-les, les ciseler en rondelles, les mettre dans une casserole avec un bon morceau de beurre pour les faire revenir d'une belle couleur blonde ; mouillez-les avec

moitié eau et lait, y mettre du sel et un peu de poivre ;
faites bouillir jusqu'à cuisson terminée ; goûtez si la
soupe est de bon goût et servez.

Soupe de Poireaux aux Pommes de terre.

Coupez en rondelles quelques pommes de terre que
vous ajoutez aux poireaux après cuisson ; passez les
poireaux et les pommes de terre dans une passoire
après les avoir égouttés ; avec la cuisson, mouillez
votre purée en la délayant ; ajoutez un peu de lait et
d'eau si elle était par trop épaisse et servez.

Soupe à l'Oseille.

Épluchez, lavez une bonne poignée d'oseille, ciselez-
la un peu ; mettez un bon morceau de beurre dans une
casserole sur le feu, ajoutez-y votre oseille, tournez-la
quelques minutes, le temps de la laisser fondre, ajoutez-y un peu de farine, tournez le tout ensemble deux
ou trois minutes ; mouillez votre soupe avec de l'eau,
la saler de bon goût ; coupez de petites rondelles dans
un pain à potage que vous mettez dans la soupière ;
trempez en y ajoutant une petite liaison de deux ou
trois jaunes délayés avec un peu de crème ou de lait ;
servez.

Soupe au Pourpier à l'Oseille.

Prenez une poignée de pourpier et d'oseille que vous
lavez à grande eau après l'avoir épluchée ; la ciseler

et la mettre dans une casserole avec un bon morceau de beurre ; mettez sur le feu et tournez avec une cuiller de bois pendant quelques minutes, ajoutez-y un peu de farine en remuant ; mouillez votre soupe avec de l'eau, la saler ; au premier bouillon, retirez-la sur le coin du feu ; taillez quelques rondelles de pain que vous mettrez dans la soupière, versez votre soupe dessus et servez ; comme la précédente, elle peut avoir une liaison de deux ou trois jaunes.

Soupe aux Herbes.

Cette soupe est faite comme la soupe à l'oseille, l'on y ajoute une petite chiffonnade de laitue et une petite peluche de cerfeuil.

Soupe à l'Oseille à la Crème.

Faites comme pour la soupe à l'oseille ; lorsque la soupe est trempée, vous y ajoutez un pot de bonne crème et un morceau de beurre frais que vous vannez dans la soupière une seconde.

Soupe à l'Oseille au Vermicelle.

Faites comme précédemment ; au lieu de pain, vous faites pocher du vermicelle dans le potage pendant qu'il est en ébullition et vous servez ensuite.

Soupe d'Orties blanches au lait.

Prenez une bonne poignée de jeunes orties blanches

épluchées et lavées ; hachez-les grossièrement, mettez-les dans une casserole avec un bon morceau de beurre sur le feu comme pour une soupe à l'oseille ; la mouiller avec du lait bouillant ; salez légèrement, faites cuire doucement sur le coin du fourneau ; préparez le pain dans la soupière, versez-y votre soupe, couvrez la soupière et servez.

Soupe à l'Oignon.

Coupez en lames quatre ou cinq beaux oignons, mettez-les dans une casserole avec un bon morceau de beurre, faites prendre une belle couleur à l'oignon sans le brûler, ajoutez-y une cuillerée de farine, laissez cuire la farine en tournant avec une cuiller de bois ; mouillez avec de l'eau ; assaisonnez et laissez cuire sur le coin du fourneau ; goûtez si elle est de bon goût et servez.

Soupe à l'Oignon au Lait.

Faites comme pour la soupe à l'oignon, seulement l'on remplace l'eau par du lait.

Soupe à l'Oignon au Fromage.

Lorsque votre soupe à l'oignon est terminée, mettez dans votre soupière un lit de pain coupé, un lit d'escalopes de fromage de Gruyère coupé très mince, un second lit de pain ainsi qu'un dernier lit de fromage, une bonne pincée de poivre, un morceau de beurre

frais ; lorsque votre soupe est prête, versez dans votre
soupière et couvrez-la de manière que votre fromage
ait le temps de fondre.

Soupe à l'Oignon au Gratin.

Cette soupe est, sans contredit, la meilleure soupe à
l'oignon, elle a été surnommée la *Soupe à l'Ivrogne* ;
aussi, à la sortie des bals masqués, l'hiver, tous les
établissements affichent-ils en gros caractères, sur leur
devanture : Soupe à l'oignon ici de minuit à 2 heures.
Cette soupe ne diffère pas beaucoup de l'autre, excepté
que pour la faire gratiner, l'on prend en guise de soupière un plat creux à légumes, de manière que tous les
convives puissent avoir un peu de gratin ; il ne faut pas
ménager le fromage et le poivre ; lorsque votre soupe
est trempée, laissez-la gratiner au four et servez
ensuite.

Soupe à l'Oignon et Pommes de terre.

Mettez deux ou trois cuillerées de purée de pommes
de terre délayée dans votre soupe et servez.

Soupe à l'Oignon au Macaroni.

Faites comme la soupe à l'oignon ; cassez du Macaroni de 2 centimètres de longueur que vous faites
pocher dans votre soupe.

Soupe à l'Oignon aux Haricots blancs.

Mouillez votre soupe à l'oignon avec du bouillon de haricots blancs et versez deux ou trois cuillerées de haricots blancs dans votre soupe lorsque vous la trempez.

Soupe à l'Oignon aux Lentilles.

Faites de même que pour les haricots, trempez et servez.

Soupe à l'Oignon au Riz ou au Vermicelle.

Garnissez votre soupe soit de riz ou de vermicelle au lieu de pain.

Soupe aux Choux maigre.

Prenez un beau chou ou deux, enlevez les grosses côtes ; après avoir bien lavé les feuilles, les essuyer sur un linge, mettre quelques feuilles les unes sur les autres et les ciseler très fines comme de la julienne ; mettez un bon morceau de beurre dans une casserole sur le feu ; mettez-y vos choux ciselés ainsi qu'un ou deux oignons ciselés également ; remuez vos choux avec une cuillère de bois jusqu'à ce que vos choux fondent un peu et qu'ils commencent à se colorer ; mouillez ensuite à couvert avec de l'eau ou du bouillon de légumes si vous en avez sous la main ; faites partir sur le feu jusqu'à ébullition, couvrir votre casserole en la

retirant sur le côté du feu ou sur des cendres chaudes ;
il est préférable de la finir de cuire dans le four ; lorsque vous voyez que les choux sont bien cuits, retirez-
la du four et mouillez-la encore si toutefois elle était
par trop réduite ; la laisser mijoter sur le coin du fourneau jusqu'au moment de la tremper.

Soupe aux petits Navets glacés.

Taillez des navets en toute petite gousse d'ail, faites-
les sauter dans un plat à sauter avec un bon morceau
de beurre et une cuillerée de sucre en poudre ; lorsque
vos navets sont d'une belle couleur, mouillez-les avec
du bouillon de légumes ou de l'eau si vous n'en avez
pas ; laissez-les cuire à couvert, soit au four, soit sur
la cendre rouge ; lorsque vos navets sont bien cuits,
mettez-les dans une petite casserole au bain-marie ;
goûtez votre soupe de consommé de légumes, versez
vos petits navets dans la soupière, le potage par-dessus, et servez avec quelques tranches de pain.

Panade au Beurre.

Cette soupe est, sans contredit, la plus ancienne
soupe que l'on connaisse et la plus économique dans un
ménage ; elle est très bonne lorsqu'elle est bien faite ;
en tous cas, elle ne demande pas beaucoup d'attention
sérieuse. Prenez environ une livre de croûtes de pain
que vous mettez dans une casserole ; couvrez ces
croûtes avec de l'eau, laissez-les tremper quelque

3

temps de manière que le pain ait le temps de se gon-
fler ; mettez-la ensuite sur le feu avec un morceau de
beurre, du sel, un peu de poivre ; laissez cuire très
doucement de manière qu'elle n'attache pas à la casserole ; lorsqu'elle est bien cuite, remuez-la avec une
cuiller de bois pour bien mêler le pain de manière
qu'il n'y ait pas de grumeaux ; ajoutez un morceau de
beurre frais que vous mêlez à la cuiller et servez.

Panade au Lait.

Faites comme la panade au beurre, seulement mouillez avec du lait.

Panade à la Crème aigre.

Faites comme pour la panade au beurre, seulement,
au dernier moment, deux minutes avant de servir,
mêlez à votre soupe un bon verre de crème aigre et un
morceau de beurre.

III

LES PURÉES

Les potages en purée jouent un grand rôle dans la cuisine ; il y en a à l'infini, aussi bien au gras qu'au maigre ; je vais vous en faire une nomenclature assez nombreuse pour que vous puissiez en avoir le choix. Nous commencerons donc par les purées de légumes avec ou sans garniture.

Purée de Légumes.

Choisissez des légumes bien frais tels que carottes, navets, céleri, un peu de chou, une laitue, le blanc de deux poireaux, un ou deux oignons ; émincez ces légumes le plus fin possible, passez-les dans une casserole avec un bon morceau de beurre en les remuant avec une cuiller de bois, de manière que les légumes fondent un peu ; mouillez ensuite avec de l'eau bien à couvert et faites partir sur le feu jusqu'à ébullition ; salez un peu et mettez en même temps un petit morceau de sucre pour enlever l'âcreté des légumes : couvrez votre casserole et poussez-la au four ou sur le coin du fourneau ; lorsque les légumes sont assez cuits, égouttez-les dans une passoire en conservant la cuisson ; passez les légumes au tamis fin ou simplement dans une passoire ; ajoutez à cette purée le bouillon, un morceau de beurre en la tournant sur le feu : mettez quelques tranches de pain dans la soupière, versez votre potage dessus et servez.

Purée Crécy au Riz.

Choisissez des belles carottes bien rouges dites Crécy, ce sont les meilleures pour ces sortes de potages ; émincez-les très fines, les faire revenir avec un morceau de beurre dans une casserole sur le feu ; lorsque les carottes sont bien revenues, mouillez-les avec du bouillon de légumes ou de l'eau ; ajoutez un petit bouquet garni d'un peu de thym, de laurier et deux oignons, du sel, un morceau de sucre et quelques tranches de pain à potage ; lorsque les carottes sont cuites, passez-les à l'étamine ou au tamis fin, mettez cette purée dans une casserole et mouillez-la avec son bouillon ; mettez-la sur le feu en la tournant avec une cuillère jusqu'à ébullition, retirez-la du feu et placez-la sur le coin du fourneau ou sur des cendres rouges de manière à la laisser mijoter ; d'un autre côté, faites cuire un peu de riz à l'eau et au beurre pour vous servir de garniture ; versez votre purée ainsi que votre riz dans la soupière et servez.

Purée de Carottes Crécy aux Croûtons.

Faites comme la précédente, finissez-la également du même ; ajoutez des petits croûtons de pain de mie passés dans le beurre et servis à part sur serviette.

Ce potage peut se donner également avec les garnitures de pâte d'Italie, vermicelle, macaroni, petits pois, haricots verts, chiffonnade, etc.

Potage purée de Potiron aux Croûtons.

Ce potage est excellent lorsqu'il est bien fait ; il faut, pour cela, choisir un bon potiron à chair ferme, il y en a de plusieurs sortes et de plusieurs qualités ; prenez les plus petits, tel que le Giromon ou le Bonnet turc, qui est encore préférable, sa chair est très ferme et a plus d'arôme ; coupez-le en tranches, l'éplucher et le couper par petites parties, les mettre dans une casserole avec un morceau de beurre et le couvrir d'eau ; mettez votre casserole sur le feu, salez un peu et laissez cuire à couvert ; ajoutez-y un morceau de sucre ; lorsque votre potiron est assez cuit, égouttez-le et passez-le au tamis fin en y ajoutant un peu de béchamel ; remettez votre purée dans une casserole ainsi que le fonds de la cuisson.

Quelques minutes avant de servir, ajoutez-y un demi-litre de crème ainsi qu'un morceau de beurre fin ; vannez votre potage, servez en même temps des petits croûtons passés au beurre à part sur une serviette.

Purée de Potiron au Riz.

Cette purée est la même que la précédente ; en place de croûtons, faites blanchir un peu de riz que vous finissez de cuire dans du lait à grand mouillement ; ensuite, égouttez et versez votre riz dans le potage ; l'on peut également mêler à cette purée vermicelle, pâtes, petites quenelles de pommes de terre, etc.

Purée de Pois verts aux Croûtons.

Prenez deux ou trois litres de pois verts frais écossés, mettez-les à cuire dans une casserole où vous ajouterez un oignon ciselé, une carotte, une petite laitue, un morceau de beurre, sel, poivre, et un morceau de sucre ; couvrez le tout avec de l'eau et faites cuire ; lorsque vos pois sont assez cuits, les égoutter, les piler et passer à l'étamine ou au tamis fin ; remettez cette purée dans une casserole et mouillez-la avec la cuisson ; si elle était par trop épaisse, ajoutez-y un peu de bouillon de légumes ou de l'eau simplement ; tournez-la sur le feu jusqu'à ébullition ; l'écumer. Deux minutes avant le service, la vanner en lui ajoutant un bon morceau de beurre fin ; mettez-la dans la soupière, servez en même temps des petits croûtons de pain frits dans le beurre et servis à part sur une serviette.

Purée de Pois au Riz.

Faites comme pour la précédente ; seulement, faites blanchir du riz à l'eau de sel que vous égouttez et tenir à couvert à l'étuve ; au moment de servir votre potage, vous mettez deux ou trois cuillerées de riz dans votre purée en servant.

Purée de Pois verts aux Pointes d'Asperges.

Faites une purée de pois verts comme les précédentes ; ajoutez une garniture de pointes d'asperges que vous aurez blanchies et rafraîchies. Au moment du service, jetez vos pointes dans votre purée en donnant un coup de cuiller légérement et servez.

Purée de Pois verts à la Chiffonnade.

Lorsque votre purée est dans la soupière, ajoutez-y une petite chiffonnade composée d'un peu d'oseille, de laitue et cerfeuil blanchis d'avance et servez.

Purée de Pois verts à la Crème.

Faites une purée comme la précédente ; au moment de servir, ajoutez-y une liaison de deux ou trois jaunes d'œufs, un bon verre de crème double ainsi qu'un morceau de beurre fin ; vannez votre potage et servez.

Purée de Navets au Riz.

Choisissez des beaux navets bien tendres et fermes sans être creux, les éplucher et les couper en lames fines, faites-en assez pour pouvoir en avoir une purée assez consistante ; mettez un morceau de beurre dans une casserole, les navets coupés, une poignée de sucre et un bon morceau de beurre ainsi qu'une demi-livre de mie de pain à potage, un peu de sel, un oignon blanc ciselé ; mouillez le tout avec de l'eau à couvert, faites cuire à feu doux. Après cuisson, égouttez-les et passez-les à l'étamine ; mettez votre purée dans une casserole ainsi que le fond de la cuisson ; tournez votre purée sur le feu jusqu'à ébullition, retirez-la ensuite sur le côté de manière qu'elle mijote un peu ; écumez votre purée et finissez-la en lui incorporant un morceau de beurre frais en la vannant, ainsi qu'un verre de crème ; versez votre purée dans la soupière, ajoutez-y quelques cuillerées de riz blanchi à point.

Purée de Lentilles aux Croûtons.

Épluchez et lavez un litre de lentilles que vous cuisez dans une casserole avec de l'eau, du sel, une carotte, un oignon ainsi qu'un bouquet garni et un peu de cerfeuil ; ajoutez-y un peu de mie de pain à potage ; lorsque la cuisson est terminée, égouttez les lentilles, les passer au tamis fin ou à l'étamine. Mettez votre purée dans une casserole en y ajoutant un bon morceau de beurre ; mouillez la purée avec sa cuisson et un peu de consommé de légumes, tournez-la sur le feu jusqu'à ébullition, laissez-la ensuite mijoter quelque temps sur le coin du fourneau ; au moment de servir, ajoutez-y un morceau de beurre frais, vannez votre potage et versez dans la soupière ; servez en même temps des petits croûtons frits dans le beurre et servis à part sur une serviette.

Purée de Lentilles au Riz.

De même que pour la précédente, servez du riz dans la soupière au moment où vous versez votre purée dans la soupière.

Purée de Lentilles au Tapioca.

Lorsque vous faites votre purée de lentilles, faites comme la précédente, excepté d'y mettre de la mie de pain pour la cuisson ; lorsque votre purée est passée au tamis fin, remettez-la dans une casserole et la lais-

3.

ser un peu claire ; aussitôt l'ébullition, mettez-y un peu de tapioca en remuant avec la cuillère, cela donnera à votre potage une liaison transparente et de bon goût ; finissez-la avec un bon morceau de beurre frais et servez.

Purée de Lentilles aux Pâtes d'Italie.
Purée de Lentilles à la Chiffonnade.
Purée de Lentilles au Céleri.
Purée de Lentilles aux Pointes d'Asperges.

Tous ces potages peuvent être garnis à l'infini. Comme toutes les purées de légumes sont sur la même base et du même travail, il n'y a aucun inconvénient de donner à l'une ou l'autre les mêmes garnitures, cela fait changer la carte de l'ordinaire. C'est seulement pour démontrer ce que l'on peut faire avec les purées de légumes que nous avons sous la main.

Purée de Haricots blancs aux Oignons.

Préparez votre purée comme les purées de lentilles : au dernier moment, passez un oignon coupé en petits dés dans du beurre jusqu'à ce que l'oignon soit bien blond ; mouillez-le et laissez-le cuire quelque temps en le mouillant avec du bouillon de vos haricots ; ajoutez votre oignon, lorsqu'il est cuit, à votre purée, ainsi qu'un bon morceau de beurre frais ; vannez votre purée et servez.

Purée de Céleri à la Crème.

Le céleri est un des légumes qui demande beaucoup de soins, surtout comme potage ou purée ; il faut toujours qu'il soit lié avec autre chose, car lorsque le céleri est cuit dans les règles, surtout au maigre, et passé ensuite au tamis fin ou à l'étamine, la purée a l'air d'être de la neige mi-fondue ; c'est pour cela que nous avons recours aux liaisons cuites et étendues ainsi qu'aux liaisons crémeuses et de jaunes d'œufs ; ces dernières ne se font qu'au dernier moment et sans ébullition. Prenez des beaux pieds de céleri bien tendres et bien blancs, lavez-les à plusieurs eaux, ensuite les couper en petits morceaux. Mettre un bon morceau de beurre dans une casserole, y ajouter vos céleris coupés, les tourner quelque temps sur le feu avec une cuillère de bois, les mouiller ensuite à couvert, soit avec de l'eau ou du bouillon blanc de légumes, les assaisonner, les faire cuire à feu doux de manière qu'ils se fondent ; l'on peut également y joindre une ou deux pommes de terre ; lorsque vos céleris sont cuits, égouttez-les et passez-les au tamis fin ; mettez cette purée dans une casserole ainsi que sa cuisson et ajoutez-y moitié de bonne béchamel crémeuse ; donnez au tout un coup de fouet et faites partir de nouveau sur le feu en tournant votre purée avec une cuillère de bois jusqu'à ébullition : laissez ensuite sur le coin du fourneau, écumez-la, incorporez-lui un bon morceau de beurre et un verre de crème en la vannant ; lorsque vous voyez qu'elle est assez liée, versez-la dans la soupière ; accompagnez de petits croûtons passés au beurre servis à part sur serviette.

SERVICE EN FAIENCE DE LACHENAL

(Service de table de Mme Sarah Bernhardt).

DEUXIÈME PARTIE

ENTRÉES ET RELEVÉS

—

Soles au Beurre.

Prenez deux moyennes soles, les nettoyer et essuyer. Beurrez un plat dit à gratin et placez vos soles bien à plat. Garnissez le dessus des soles de bon beurre frais, salez, poivrez légèrement et poussez-les au four. Arrosez-les de temps en temps, jusqu'à leur cuisson terminée. Si c'est un plat d'argent, l'on peut les envoyer dans le plat même, comme pour soles au gratin.

Queues de Homard au Gratin.

Ayez deux homards moyens, ou trois ou quatre, selon les convives. S'ils sont cuits, les fendre dans toute leur longueur, en enlever soigneusement les chairs sans rien perdre, les couper en petits dés et les mettre dans une petite casserole ; ensuite, parez les queues de homard (les bien nettoyer bien égales), et avec tout le reste des carapaces, faites un bon beurre de homard pour mêler à votre sauce béchamel bien beurrée, assaisonnez de bon goût, y ajouter deux ou trois jaunes d'œufs pour lier la sauce, y mêler vos petits dés et laisser refroidir. Lorsque le tout est froid, emplir les queues de homard que vous avez apprêtées, en leur donnant la forme bombée ; les saupoudrer de chapelure et les pousser au four en les arrosant avec du beurre fondu ; les servir bien chaudes sur une serviette avec un joli bouquet de persil frit.

Éperlans frits.

Choisissez de beaux éperlans à peu près égaux, les bien essuyer, les passer dans du lait, les fariner. ensuite, les paner à l'Anglaise et les frire dans une bonne friture bien chaude, les saler en sortant de la friture ; servir sur serviette avec bouquet de persil frit et envoyer une saucière de sauce anchois à part.

Darne de Saumon.

Prenez un beau morceau de saumon pour la quantité de personnes que vous avez à servir, le bien nettoyer et le mettre cuire à l'eau bouillante salée et un peu acidulée de vinaigre, pas par trop, cela le ferait blanchir. Le mettre à pocher sans bouillir. Au premier bouillon, vous devez le retirer sur le côté du feu, afin qu'il poche doucement. Préparez votre plat garni d'une serviette et préparez du persil frais pour le garnir. Égouttez votre poisson une minute et placez-le au

milieu de votre plat, avec garniture de persil frais.
Envoyez-le avec une saucière de sauce Génevoise.
(Voyez sauce Génevoise, chapitre sauces.)

Saumon braisé sauce Saltibot.

Nettoyez un moyen saumon frais, le mettre dans une
poissonnière bien beurrée et foncée de carotte, oignon,
thym, laurier et persil, quelques clous de girofle ; le
mouiller à moitié avec du Sauterne et une essence
tirée d'un homard, le couvrir d'un papier beurré, le
faire partir et le pousser au four en l'arrosant de temps
en temps, jusqu'à sa cuisson terminée. Préparez, d'une
autre part, un petit roux léger pour lier la cuisson du
saumon lorsqu'il aura été bien dégraissé, y ajouter un
bon verre de crème double, passer la sauce à la mousseline, la bien beurrer en la vannant au bain-marie.
Dresser et envoyer le saumon et la sauce à part.

Merlans au Gratin.

Choisissez des merlans moyens, bien frais, que vous
nettoyez et essuyez promptement, beurrez un plat à
gratin grassement, couchez-les dans votre plat, salez,
poivrez et mouillez à demi-couvert avec du vin blanc
de Chablis ; faites-les partir sur le fourneau et couvert
d'un papier beurré ; une minute après, retournez-les ;
ayez un peu de roux pour lier la cuisson ainsi qu'une
demi-livre de champignons bien frais, que vous hachez
et que vous mêlez à votre sauce ; nappez vos merlans

avec votre sauce, saupoudrez d'un peu de chapelure et quelques petites parcelles de beurre fin, poussez-les au four assez chaud, pour qu'ils puissent gratiner. L'on peut également mettre autour du plat des champignons entiers et les napper également comme les poissons, cela est facultatif.

Vol-au-Vent de Macaroni aux Truffes.

Faîtes blanchir du macaroni de moyenne grosseur, le rafraîchir et l'égoutter sur une serviette ou un torchon propre ; coupez les macaronis de quatre centimètres de longueur. Faites une béchamel bien beurrée et crémeuse, réduite dans un plat à sauter ; mettez-y votre macaroni et quelques lames de truffes, un quart de fromage de parmesan râpé et un peu de gruyère. Emplissez une croûte de vol-au-vent que vous aurez fait d'avance et tenue au chaud. Servez. Ayez soin, toutefois, que la garniture soit bien assaisonnée.

Crème de Homard à la Royale.

Prenez un ou deux homards crus, retirez-en toutes les chairs, que vous pilez, tout en conservant un peu de corail pour votre sauce. Lorsque les chairs sont bien pilées, passez le tout au tamis fin, assaisonnez de bon goût, mêlez les deux tiers de son poids avec de la crème fouettée, beurrez un moule à pain et emplissez votre moule que vous mettez à pocher à l'eau bouillante, en arrêtant l'ébullition comme la quenelle. Lorsque votre crème est pochée, démoulez sur un plat et nappez-le avec une bonne sauce crémeuse au beurre de homard ; mettez aussi dans le puits un ragoût de truffes escaloppées et des crevettes coupées en deux et servez.

Filets de Soles à la Cendrillon.

Prenez de moyennes soles, enlevez les filets et parez-les de leur peau nerveuse ; ensuite battez-les légèrement afin de les rendre plus souples à leur cuisson, ployez chaque filet de manière à en former une petite pantoufle, en garnissant le creux avec un petit tampon de pâte à détrempe afin que chaque filet puisse pocher sans se déformer. Lorsqu'ils sont pochés, les laisser refroidir, enlever les tampons, les chaud-froiter à la mayonnaise à l'aspic, ensuite garnir l'intérieur des petites pantoufles d'une petite salade de légumes et les dresser en turban sur un fond de riz et croûtonné de gelée, et sur le milieu vous pouvez y mettre un sujet en stéarine représentant une petite femme échevelée.

Petites Bouchées aux Huîtres.

Faites pocher trois douzaines d'huîtres ou plus, selon la quantité que vous devez avoir à servir ; égouttez-les sans perdre leur cuisson ; faites avec la cuisson et un peu de lait une bonne béchamel crémeuse et beurrée ; séparez le corps dur des huîtres pour ne garder que la noix que vous coupez en deux ou trois ; mêlez-y votre sauce et un peu de macis ; emplissez vos

petites croûtes de bouchées que vous aurez préparées
d'avance et servez sur serviette.

Médaillons de Truite à la Gelée.

Choisissez une truite moyenne ; désossez-la sans la
briser, enlevez également la peau, battez-la légèrement sur la table, de manière qu'elle soit carrée longue ; d'un autre côté, coupez et blanchissez une petite
brunoise de légumes, composée de carottes, navets et
haricots verts ; bien égoutter ces légumes après les
avoir blanchis : couvrez votre truite avec ces légumes
et roulez-la sur elle-même, de manière à en former un
petit roulé ; emballez-la avec une feuille de papier
beurré ; la pocher ensuite sans beaucoup de mouillement, un .peu de vin dans le fond afin de la faire
pocher ; lorsqu'elle est pochée, laissez-la refroidir,
déballez-la de son papier, coupez-la ensuite en rondelles, comme une galantine, placez ces rondelles sur un
gril et glacez-les avec de la gelée de poisson mi-prise ;
ayez aussi une petite salade de légumes que vous
dressez en dôme au milieu d'un plat ; dressez-y vos
petits médaillons autour et croûtonnez de gelée et
envoyez.

Petits Pâtés chauds de Crevettes.

Foncez des petits moules dits à pâtés chauds, ou des
moules à dariole si vous n'avez pas les premiers,
emplissez-les de riz et cuisez-les de belle couleur ;

ayez des crevettes épluchées que vous coupez en deux
parties ; faites une sauce hollandaise bien crémeuse,
dans laquelle vous introduisez un beurre de crevette ;
mêlez-y vos crevettes et emplissez vos petits moules de
croûte de pâté et servez sur serviette.

Croquettes de ris de tortue à l'Indienne.

Dans la tortue se trouve deux parties que l'on nomme
ris. Lorsque vous avez une tortue à cuire, vous conservez ces deux parties dans la cuisson, pour vous en
servir dans un moment donné, pour entrée maigre.
Coupez donc ces deux parties en petits dés et faites-en
un appareil à croquette, comme il est indiqué pour la
volaille ; prenez un morceau d'oignon d'Espagne que
vous ciselez très fin, passez-le au beurre, ajoutez-y
une petite cuillère de curry en poudre et un peu de
farine pour lier la sauce ; mouillez le tout avec du lait
comme pour la béchamel ; lorsque la sauce est bien
réduite, ajoutez-y quelques jaunes d'œufs, mêlez-y
votre salpicon de tortue, faites refroidir votre appareil
pour en faire des croquettes ; quelques moments avant
de servir, les paner à l'Anglaise, les frire à bonne
friture, servir sur serviette avec un bouquet de persil
frit.

Petites Sarcelles sous la cendre.

Prenez de petites sarcelles, nettoyez-les et les envelopper de pâte à détremper, les cuire sous la cendre
bien chaude avec un peu de feu dessus ; après cuis-

son, les déballer de leur pâte, les dresser et envoyer une saucière de crème aigre à part, et une petite salade de laitue.

Coquilles de Homard au Gratin.

Prenez deux homards cuits dont vous retirez la carapace ; coupez les chairs en petits dés : mettez un peu de béchamel dans un plat à sauter, allongez la sauce avec un peu de crème et finissez avec un beurre de homard et un peu de muscade ou de macis ; mêlez-y votre salpicon de homard, emplissez de petites coquilles Saint-Jacques, en les saupoudrant légèrement de chapelure et les arroser avec un peu de beurre fondu ; les pousser au four, qu'elles soient de belle couleur, et les servir sur serviette.

Timbale d'Écrevisses à la Madelon.

Beurrez et décorez un moule à timbale avec de la pâte à nouilles, foncez-le ensuite et le remplir soit avec de la farine ou du riz pour la cuire, de manière que vous ayez une belle croûte à timbale et la laisser à l'étuve.

D'un autre côté, prenez cinq ou six douzaines de belles écrevisses que vous nettoyez à l'eau fraîche ; marquez dans une casserole une bonne mirepoix que vous faites revenir avec un bon morceau de beurre, mouillez-la avec du bon vin vieux de Chablis, mettez-y vos écrevisses, les bien assaisonner et les cuire à cou-

vert ; lorsqu'elles sont cuites, séparer les queues, les
éplucher et les couper en deux selon leur grosseur,
que vous placez dans un bain-marie ; pilez ensuite toutes les carapaces et les passer dans une étamine à deux
cuillères. Mêlez-y le fond de vos écrevisses et quatre
ou cinq cuillerées de bonne sauce à poisson bien
réduite, vannez le tout ensemble au fouet en la beur-
rant par petite quantité à la fois, finissez avec de la
bonne crème ; mêlez-y les queues et servez votre timbale bien chaude.

Cromesquis de Merlans à l'Anglaise.

Prenez un ou deux gros merlans bien frais, enlevez-
en les filets que vous faites pocher au four ; les laisser
ensuite refroidir, pour les couper en petits dés ; ayez
de la sauce à poisson que vous faites réduire et lier à
la crème et quelques jaunes. Mettez-y votre salpicon de
merlan et laissez encore refroidir cet appareil sur
glace. Ensuite, formez-en des croquettes plates ; au
moment de servir, ayez votre friture chaude, trempez
vos croquettes dans la pâte à frire et laissez-les frire de
manière que les cromesquis soient de belle couleur.
Servez en buisson sur serviette et accompagné d'un
petit bouquet de persil frit.

Vol-au-vent de Gnochis.

Faites un peu de pâte à choux au sel, deux onces de
beurre dans une moyenne casserole, avec trois onces
d'eau, une pincée de sel ; lorsque le tout est en ébulli-

tion, ajoutez trois onces de farine tamisée, remuer avec
une cuillère deux ou trois minutes et retirez-la du feu,
mettez-y un œuf toujours en battant la pâte, en ajouter
un second si vous voyez que votre pâte est trop ferme,
ajoutez encore un peu d'œuf, ensuite, mêlez à cette
pâte deux onces de parmesan râpé et une pointe de
caprica ; faites-en des petites quenelles que vous
pochez à l'eau bouillante : les égoutter et les mettre
dans une bonne sauce béchamel bien beurrée et crémeuse. (Voyez sauce Béchamel, chapitre sauces.)
Tenez votre croûte de vol-au-vent au chaud et servir
chaudement.

Timbale de Gnochis aux Tomates.

Beurrez un moule à Charlotte ou timbale, décorez-le
avec de la pâte à nouille, selon votre goût, ensuite foncez votre moule avec de la pâte à foncer, après avoir
mouillé votre décor avec un pinceau, afin que le décor
prenne sur la pâte ; garnissez votre moule avec un
rond de papier dans le fond et une bande de papier
circulaire intérieurement, garnissez votre moule de riz
ou de farine ordinaire, couvrir votre timbale, la dorer
et la cuire à bon four ; après cuisson, en enlever le couvercle avec la pointe d'un couteau, vider son contenu
proprement en y passant le pinceau, la mettre à l'étuve
sécher. Préparez d'un autre côté une pâte à choux commune, sans sucre, mais un peu de sel ; mêlez à votre
pâte le quart de son volume de fromage de Gruyère et
de parmesan râpé ; ayez une poche à pâtisserie garnie
de sa douille ainsi qu'une casserole d'eau bouillante,

mettez la pâte dans la poche et poussez sur le bord de la casserole la pâte en ayant soin de couper de votre autre main de petites quenelles longues d'un centimètre, chaque morceau coupé tombe à l'eau bouillante et se poche en même temps. Lorsque tout est terminé, ajoutez vos petites quenelles que vous liez avec une bonne béchamel beurrée et crémeuse, emplissez votre timbale, saupoudrez-la encore d'un peu de parmesan râpé et servez bien chaud.

Macaroni au Gratin.

Faites blanchir du macaroni de moyenne grandeur, l'égoutter, le lier avec une bonne béchamel crémeuse et beurrée, le dresser sur un plat à gratin en alternant du fromage de parmesan râpé, sel, poivre, un peu de muscade, couvrir d'un peu de chapelure et d'un peu de beurre fondu, le pousser au four lorsqu'il est d'une belle couleur, servez le plat sur serviette.

Cassolettes de Nouilles à la Piémontaise.

Foncez des petits moules à croustade ordinaire et conservez-les au sec lorsqu'elles sont cuites ; au moment du diner, garnissez-les avec des nouilles à la crème et au fromage ; deux minutes au four et servez sur serviette le tout bien chaud. *(Voir le dessin. — Supplément)*.

Timbale de Spagetti à la Florentine.

Foncer une timbale et la garnir avec du spagetti à la

crème et lié au parmesan ; dans le milieu, vous y mettez des petites tranches de tomate, coupées comme des quartiers d'orange, pas plus gros ; bien assaisonner couvrir la timbale, et pousser au four pour une bonne demi-heure.

Salade italienne.

Faites blanchir des légumes, poussés à la colonne ou à la cuillère à légume, de la grosseur d'un gros pois, tels que carottes, navets, des pommes de terre cuites d'avance, des haricots verts coupés de la même grosseur, petits pois et des choux-fleurs, blanchir tous ces légumes à part, les rafraîchir et les égoutter sur une serviette ; prenez les trois quarts de ces légumes que vous assaisonnez ensemble : sel, poivre, huile et vinaigre à l'estragon, placez ces légumes dans un saladier en en formant une pyramide avec le reste des légumes. Garnissez le dessus en les plaçant symétriquement par rang de chaque sorte jusqu'au sommet ; terminez le sommet soit avec une petite botte de pointes d'asperges ou un bouquet de choux-fleurs, lorsque vous en avez le temps.

Truite froide sauce Tartare.

Faites cuire une moyenne truite à l'eau de sel, la cuire la veille si cela vous est possible, afin qu'elle se trouve froide pour le déjeuner, la servir sur un plat long, en enlever la peau de dessus sans la briser, l'entourer de petits cœurs de laitues et la servir en la faisant accompagner d'une saucière de sauce tartare.

Langouste à la Vinaigrette.

Ce plat est des plus simples et est un des plus appétissants. Choisissez une langouste bien fraîche ; cuite et refroidie, coupez-la par la moitié sur sa longueur, faites après une division de trois morceaux par chaque moitié, brisez les pattes également et placez tous ces morceaux en buisson sur un plat entouré de persil. Servez en même temps une sauce vinaigrette.

Salade russe.

La salade russe est une salade de légumes comme la salade italienne, soit que les légumes soient coupés en petit dé ou en long, en carré, en losange, peu importe. La seule chose qui diffère de l'italienne, c'est que dans la salade russe l'on y met aussi des filets de harengs coupés, des anchois, de la pomme de rainette et un concombre salé d'avance (agoursis), un peu de fenouil et d'estragon haché, assaisonnez la salade et dressez-la dans un saladier. L'on peut également la décorer, comme la salade italienne, avec des légumes et de la betterave ayant mariné dans le vinaigre.

Œufs de Pluvier à la Gelée.

Quand la saison des œufs de pluviers et vanneaux donne, c'est très bon pour la cuisine. C'est un mets

4

des plus délicat et forme des entrées magnifiques soit
pour déjeûner, diner et même les bals les mieux servis. On les sert sous plusieurs formes de dressage, soit
au naturel, cuits dur, en petit panier fleuri, en nid, en
aspic, en mongolfière, à la gelée, etc.

Choisissez des œufs de pluvier frais, faites-les cuire
dur, les rafraichir, les écaler, les essuyer et les mettre
à la glace ; d'une autre part, ayez de la gelée aspic
mi-prise, chemisez un moule à bordure sur la glace,
placez vos œufs la pointe en bas en les soutenant bien
droits en mettant un peu de cœur de laitue entre chaque. Lorsque les œufs se tiennent debout, finissez de
remplir votre bordure de gelée et laissez-les à la glace
jusqu'au moment du service ; pendant ce temps, préparez une petite salade de légumes que vous mettez
dans le puits lorsque votre bordure sera démoulée sur
plat.

Petites truites de lac grillées sauce Rémoulade.

Choisissez une demi-douzaine de petites truites bien
fraiches, les nettoyer, les passer à l'huile, les saler et
les griller sur un feu de braise clair, les dresser sur
serviette et servir avec une saucière de sauce rémoulade. (Voyez sauce.)

Écrevisses à la Royat.

Choisissez de belles écrevisses, faites une Mirepoix
que vous passez au beurre, sans oublier une ou deux

gousses d'ail. Lorsque votre Mirepoix est passée, mouillez avec une demi-bouteille de Haut-Chablis et un verre de vieux Cognac, mettez-y vos écrevisses et une douzaine de grains de poivre ainsi qu'un peu de paprika. Lorsque vos écrevisses sont assez cuites, égouttez-les, dressez-les en buisson, passez la cuisson que vous envoyez dans une saucière à part.

Sarcelles à la Polonaise.

Videz et troussez de jolies sarcelles comme pour rôtir en en supprimant les pattes, faites une pâte à détrempe à l'eau et sel, emplissez vos sarcelles de beurre, couvrez-les de pâte partout de manière qu'elles soient renfermées et que la pâte soit bien soudée, cuisez-les sous la cendre ou dans le four si vous n'avez pas de feu de bois — sous la cendre est bien plus préférable — lorsque vos sarcelles sont cuites, déballez-les de la pâte et dressez-les sur de la mie de pain passée au beurre noisette, ainsi que des quartiers de citron épépinés.

Filets de Barbue à la Moneret.

Levez les filets d'une barbue bien en chair et fraîche, les parer dans une forme de côtelette droite, beurrez un plat à sauter et placez vos filets, les assaisonner de bon goût, les couvrir d'un rond de papier de cuisine beurré, les pocher une demi-heure avant le service, faites d'avance un petit rizot au parmesan pour mettre dans le fond du plat où vous devez dresser vos filets de barbue, dressez en couronne sur le riz et nappez-les avec une sauce de fond de poisson au vin blanc réduite que vous aurez faite avec la tête et les débris de votre barbue ; semez un peu de parmesan, un peu de chapelure et un peu de beurre fondu par-dessus, poussez votre plat au four chaud quelques minutes et servez.

Salade de Céleris à la Dijonnaise.

Prenez deux beaux pieds de céleris bien blanc et tendre, enlevez les parties filandreuses, les couper en julienne très fine ainsi que quelques lames de concombres coupées également en julienne ; mettez dans un saladier deux ou trois cuillerées de bonne moutarde de Dijon, sel, poivre, et une pincée de paprika par le moyen d'une cuillère de bois ou un fouet à blanc d'œuf ; montez cette sauce comme une mayonnaise avec de l'huile de noix et très peu de vinaigre, un soupçon d'ail. Lorsque votre sauce est assez montée, ajoutez-y une bonne cuillerée de jus de verjus ; mettez-y votre céleri et servez. Cette salade doit se faire un peu d'avance afin que le céleri soit plus tendre et qu'il prenne mieux son assaisonnement.

Raie au beurre noir.

Quoique ce mets est connu de tout le monde, il n'est pas moins bon pour un déjeuner, surtout lorsque la raie est fraîche et que le beurre est bon. Choisissez un beau morceau de raie bien fraîche, le cuire à l'eau de sel comme pour les poissons bouillis. Lorsque la raie est pochée, l'égoutter sur un linge pour en extraire l'eau qui resterait. Dressez votre raie sur un plat, faites un beurre noir dans la poêle. jetez une petite pluche de persil frais et bien égoutté dans le beurre afin que le persil soit bien frit, versez votre beurre noir sur la raie, passez un petit filet de vinaigre dans la poêle chaude, arrosez-en la raie et servez.

Filets de Sole à la Jouvencienne.

Levez les filets de deux ou trois soles, selon le nombre de personnes que vous avez à déjeuner, les énerver, les battre, de manière que les filets soient très minces et larges ; assaisonnez-les et ployez-les en portefeuille, c'est-à-dire rapportez les deux extrémités vers le centre et les reployer encore une fois en deux, afin que les filets ainsi ployés restent dans une forme carrée comme un coussin, faites-les pocher selon les règles avec un peu de Chablis, les couvrir d'un papier beurré.

D'un autre côté, faites cuire au beurre de jolies petites tomates dont vous aurez enlevé la peau. Il faut observer que les tomates doivent être plus petites que vos filets, afin qu'elles ne les dépassent pas au dressage.

Dressez à plat vos filets, avec une petite tomate sur chacun, et envoyez une saucière de sauce tomate.

Filets de Perche à l'Italienne.

Levez les filets de plusieurs perches, beurrez un plat à sauter, placez-y vos filets de perche, les assaisonner

4.

de bon goût, les mouiller avec un bon verre de vin blanc de Chablis, les couvrir d'un rond de papier beurré, les pocher au four en ayant soin de les arroser pendant leur cuisson, les égoutter ensuite, les dresser en couronne et les napper ensuite avec une bonne sauce italienne maigre se composant d'une sauce poisson au vin réduite, dans laquelle vous lui incorporez deux ou trois cuillerées de Duxelle et un bon morceau de beurre frais.

Darne de Truite à la Moscovite.

Coupez une moyenne truite en petites darnes ou tronçons, pochez-les à l'eau de sel et laissez-les refroidir ; les égoutter, les essuyer avec un linge propre, les napper avec de la gelée de poisson mi-prise, dans laquelle vous aurez mis une petite julienne de concombres crus, dressez vos tronçons sur le plat, entourez d'une petite salade de concombres et de légumes, envoyez en même temps une saucière de mayonnaise, montée à la crème fouettée.

Rougets Grondins au Beurre.

Choisissez de moyens Grondins bien frais, essuyez-les après les avoir nettoyés, beurrez un plat long, placez-y vos Grondins, assaisonnez-les de bon goût, arrosez-les de beurre fondu, coupez quelques rouelles d'oignon, quelques lames de carotte, un peu de persil, une branche de thym et laurier, couvrez vos Grondins et faites-les partir au four en ayant soin de les arroser

souvent ; lorsqu'ils sont cuits, débarrassez-les des
légumes. Dressez-les sur un plat en les arrosant d'un
peu de beurre fondu.

Paupiettes de Sole à la Mazarine.

Levez les filets de deux soles assez épaisses après
les avoir dépouillées avec un couteau très mince, enlevez encore l'épiderme qui se trouve entre la peau et la
chair, coupez vos filets en deux, de manière à en former deux paupiettes, tenez-les très minces en les battant avec une petite batte à côtelette, les parer ensuite
de la même longueur, de la même largeur ; ensuite,
faites avec des pommes de terre crues des bouchons de
la grosseur d'un bouchon à Champagne. Beurrez un
plat à sauter, assaisonnez vos filets et placez-les autour
de vos bouchons. Mettez une petite bande de papier
beurré autour pour les serrer, placez-les dans un plat
à sauter les uns contre les autres, couvrez-les d'un
rond de papier beurré, les pocher à demi, c'est-à-dire
qu'ils soient assez fermes pour pouvoir se tenir debout
lorsqu'ils sont refroidis. Retirer les bouchons et les
bandes de papier.

Cela doit former une petite timbale bien blanche,

emplissez-la avec un appareil de homard très léger et
bien coloré avec une poche, de manière à en former un
petit cône par-dessus, comme le dessin le démontre,
les pocher cinq minutes avant le service. Les dresser
sur bordure, les saucer légèrement avec une sauce au
vin blanc, crémeuse, et emplir le puits de petites pommes de terre en boule au beurre frais.

Rougets gratinés à la Napolitaine.

Choisissez six beaux rougets bien frais ; les nettoyer
et les essuyer avec un linge ; les faire mariner quelques minutes dans de l'huile d'olive ; ensuite beurrez
un plat à gratin en y ajoutant une cuillère d'huile
d'olive ; placez-y vos rougets côte à côte ; les assaisonner de haut goût, les mouiller à moitié de leur hauteur
de bon vin de Chablis, les couvrir d'un papier beurré,
les faire partir sur le fourneau. Deux minutes après,
les retourner d'un autre côté ; ayez une sauce à poisson au vin blanc, réduite, ajoutez-y deux ou trois cuillères de purée de tomate et deux cuillères de Duxelle ;
allongez cette sauce avec une partie de la cuisson des
rougets ; nappez-les avec cette sauce ; passez par-dessus un peu de chapelure et quelques petits morceaux
de beurre de place en place ; poussez-les au four quelques minutes afin qu'ils finissent de cuire et de gratiner ; lorsqu'ils sont de belle couleur, servez avec le
plat même, mis sur un autre.

Vol-au-vent de Turbot à la Béchamel.

Lorsque vous avez un turbot entier pour votre dîner,
il est très rare qu'il n'en revienne pas au moins un

tiers. C'est le cas de donner le reste le lendemain pour votre déjeuner, soit dans un gratin ou dans un vol-au-vent ; dans tous les cas, l'on prendrait une tête de turbot, il y a assez pour former la garniture d'un vol-au-vent ; séparez les chairs de votre turbot cuit, par petites parties que vous mettez dans une bonne sauce béchamel, bien beurrée et crémeuse, ajoutez-y quelques champignons et quelques queues d'écrevisses ; ayez une belle croûte de vol-au-vent, cuite d'avance, garnissez-la de votre ragoût et servez bien chaud.

Côtelettes de Homard à la Rosselin.

Prenez un homard assez gros cuit ; enlevez les chairs de la carapace, les couper en petits dés ; faites avec le corail un beurre de homard que vous mêlez à une sauce Béchamel bien beurrée et crémeuse assaisonnée de bon goût ; y ajouter deux ou trois jaunes d'œuf pour lier la sauce ; y mêler les dés de homard et quelques truffes coupées également en dés ; laisser refroidir cet appareil pour être distribué en petites parties égales comme pour croquette, seulement il faut leur donner la forme de côtelette, de la grosseur d'une côtelette d'agneau ; les passer à la mie de pain fraîche et les frire d'une belle couleur ; mettez au bout de chaque côtelette un petit morceau des petites pattes pour faire le manche de la côtelette ; dressez-les sur serviette avec un bouquet de persil frit dans le centre.

Friture d'Anguille.

Choisissez de petites anguilles bien fraîches, les dépouiller, les couper par petits tronçons de six centi-

mètres, les passer à la farine pour les sécher, ensuite à
l'œuf battu et à la mie de pain fraîche, les frire de belle
couleur, les dresser sur serviette avec un petit bouquet
de persil frit. Servez en même temps une saucière de
sauce tartare bien assaisonnée.

Friture de Goujons.

Prenez des goujons bien frais, les vider, les laver et
les essuyer, les passer dans un peu de lait, ensuite les
passer à la farine. Ayez une friture bien chaude, les
plonger par petites quantités, de manière qu'ils soient
bien frits et croustillants, servez sur serviette après les
avoir assaisonnés, placer dessus un bouquet de persil
frit et envoyez des quartiers de citron épépiné sur une
assiette à part.

Turban de filet de Sole aux Truffes.

Choisissez deux ou trois belles soles moyennes et
épaisses, levez-en les filets, les énerver, les aplatir
légèrement, de sorte qu'à la cuisson ils ne se dérangent
pas trop : d'un autre côté, faites un peu de farce avec
du merlan ainsi qu'avec les parures de vos soles pour
emplir un petit moule à pain de gibier ; pochez votre
pain et laissez-le un peu refroidir, démoulez lorsqu'il
est froid, mettez-lui encore un peu de farce autour pour
pouvoir appuyer vos filets de sole, coupez vos filets
par le milieu, dressez-les autour de votre pain, à cheval les uns sur les autres, de manière que le bout le
plus large soit au pied du pain, et le bout qui est en
pointe aille s'assujettir dans le puits du pain, assai-

sonnez et mettez autour des bandes de papier beurré et
assez serrées pour que les filets ne se dérangent pas à
la cuisson, les pocher doucement, soit dans une braisière à couvert ou au four, et les arroser d'un peu de
vin blanc ; lorsqu'ils sont complétement pochés, dressez-les et saucez-les avec une bonne sauce de poisson
que vous aurez préparée avec les carcasses, mettez
ensuite dans le puits un petit ragoût de lames de truffes.

Matelote de Carpe à la Bourguignonne.

Choisissez deux belles carpes vivantes, les nettoyer
et les vider, les couper ensuite en tronçons d'égale
grosseur, les mettre ensuite dans un chaudron en cuivre non étamé, couvrir les tronçons avec du vin vieux
de Bourgogne, saler, poivrer, un bon bouquet de persil garni, quatre ou cinq gousses d'ail sans être épluchées et un bon verre de vieux cognac ; cuire le tout
sur un feu ardent, sur un feu de cheminée si cela vous
est possible, comme à la campagne, de manière que la
flamme mette le feu elle-même à la matelotte, la retirer
ensuite du feu lorsqu'elle subit dix minutes d'ébullition ; d'un autre côté, préparez des petits oignons glacés, des champignons qui doivent vous servir de garniture, ainsi que quelques belles écrevisses et des petits
croûtons passés au beurre ; retirez les tronçons de
carpe, liez le fond avec un beurre manié à la farine, y
remettre vos tronçons après avoir passé la sauce, y
ajouter un bon morceau de beurre fin en tournant légèrement. Dressez vos tronçons en buisson, en mettant
les plus beaux dessus, en garnir le tour avec les petits

oignons et champignons, saucez par-dessus et placez vos écrevisses ainsi que les croûtons et servez.

Soles frites à la Nantaise.

Choisissez deux ou trois soles épaisses, dans la moyenne grosseur, les nettoyer et en enlever les peaux ainsi que la tête, les ébarber très courtes, les fendre sur le dos presque sur toute la longueur, passer la lame du couteau de chaque côté en suivant l'arète, de manière à en dégager les filets, enlever l'arète du milieu, passez la sole à l'œuf après l'avoir passée à la farine, la frire à friture chaude, l'égoutter sur un linge, remplir le vide avec un beurre manié maître d'hôtel dans lequel vous y ajoutez un beurre d'anchois et une cuilleré de Duxelle, refermez la sole et accompagnez de quartiers de citron.

Côtelettes de Turbot à la Varsovienne.

Prenez un morceau de turbot assez épais en chair pour pouvoir en faire des filets que vous coupez en forme de côtelette ; avec les parures, faites-en une farce comme il a été indiqué. Lorsque tous vos filets sont coupés et parés, montez votre farce et garnissez-en vos filets dessus et dessous, les paner ensuite, les former en côtelette, les ranger dans un sautoir où vous avez mis du beurre clarifié. Au moment de servir, sautez-les à feu vif pour leur donner une belle couleur et poussez-les au four pour les finir de pocher, égouttez-les ensuite et dressez en couronne sur une petite bordure ; dans le puits, servez-y un petit ragoût de champignons et de truffes, queues d'écrevisses, avec une sauce réduite et finie avec un bon morceau de beurre et de la crème aigre.

Morue sauce aux Huîtres.

Faites dessaler dans l'eau fraiche un morceau de filet de morue assez épais et carré pendant deux jours, en ayant soin de changer l'eau trois ou quatre fois par jour. Lorsqu'elle est bien dessalée et bien blanche, faites-la cuire à l'eau de sel ; au premier bouillon, retirez du feu et laissez-la pocher doucement; d'une autre part, faites pocher trois douzaines d'huîtres, les égoutter, en retirer les noix que vous coupez en deux, faites une petite béchamel serrée, dans laquelle vous incorporez la cuisson des huîtres, beurrez-la, mettez-y vos huîtres dans une saucière.

Egouttez votre morue, la servir sur serviette entourée de persil frais, servez en même temps dans une soupière à légumes ou un légumier des pommes de terre nouvelles cuites à l'eau et passez au beurre ensuite, ainsi qu'une pincée de persil haché.

Alose grillée à l'Oseille.

Choisissez une belle alose bien fraiche, la nettoyer et l'essuyer, la ciseler légèrement en travers des deux côtés, l'arroser d'huile, l'assaisonner de bon goût, la mettre griller sur un feu de braise de manière qu'elle cuise doucement et qu'elle soit de belle couleur ; faites fondre un morceau de beurre frais pour l'arroser lors-

5

qu'elle sera dressée, servez en même temps un plat d'oseille à part.

Moules à la Poulette.

Choisissez des moules bien fraiches, les nettoyer à grande eau, de manière qu'il ne reste plus de chevelure après les coquilles, les faire cuire dans une casserole couverte, sur un bon feu, quelques minutes suffisent ; les égoutter, les enlever de leur coquille, lier la cuisson avec un bon morceau de beurre manié et un verre de crème, y mettre vos moules ; ajoutez-y un peu de persil haché et servez.

Maquereaux grillés maitre d'hôtel.

Nettoyez et essuyez des moyens maquereaux, fendez les sur le dos, de la tête à la queue sur toute la longueur, assaisonnez-les et les imbiber légèrement d'huile d'olive, placez-les sur le gril, sur un bon feu de braise. Faites à part une maitre d'hôtel de beurre, persil haché, ainsi qu'un demi-jus de citron. Manier ensemble ; lorsque vos maquereaux sont grillés, garnissez-les de votre maitre d'hôtel, refermez-les ensuite et envoyez sur un plat long bien chaud.

Harengs frais sauce Moutarde.

Choisissez de beaux harengs laités et bien frais, les nettoyer et essuyer, les ciseler légèrement sur le travers en diagonale, les passer un peu dans l'huile, les faire griller sur un feu vif, les servir avec une sauce au beurre bien beurrée dans laquelle vous aurez incorporé deux bonnes cuillerées de moutarde à l'estragon.

Huîtres de Cancale au Chablis.

Ouvrez une demi-douzaine d'huîtres par personne et plus si vous le voyez à propos ; placez les huîtres sur chaque assiette avec un quartier de citron épépiné ; ayez en même temps une ou deux échalottes hachées bien fines que vous passez à l'eau dans le coin d'une serviette. Faites une petite sauce composée de vinaigre seulement, de mignonnette et d'échalottes hachées, servez dans une saucière en même temps que les huîtres et de petites tranches de pain de seigle très minces et beurrées.

Darne de Saumon froid à la Ravigote.

Prenez une darne du milieu d'un saumon, cuisez-la à l'eau de sel comme il est indiqué, la laisser refroidir dans sa cuisson, l'égoutter, l'essuyer ; placez votre saumon sur un plat, en enlever la peau de dessus, l'entourer avec des cœurs de laitue sans être assaisonnés, nappez votre saumon légèrement de sauce mayonnaise et servez en même temps une saucière de sauce ravigote composée comme suit : mêlez à votre mayonnaise une cuillerée de moutarde, une cuillerée de sauce d'anchois, des fines herbes hachées très fines, telles que estragon, cerfeuil, ciboulettes, pimprenelles, une bonne cuillerée de câpres, quelques cornichons hachés et une pointe de Cayenne.

Filets de Sole à la Fontange.

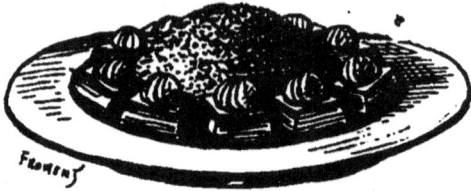

Levez les filets de deux ou trois belles soles bien fraîches, les aplatir après les avoir énervées, les ployer en deux et les placer dans un plat à sauter beurré, les saler, poivrer ; mouillez-les légèrement avec un peu de vin blanc, les couvrir d'un papier beurré, les faire pocher au four. D'un autre côté, faites cuire de petites tomates au beurre, que vous aurez épluchées à l'avance ; dressez vos filets de sole en mettant une petite tomate sur chacun d'eux. Envoyez à part une saucière de sauce tomate bien assaisonnée.

Rougets grillés maître d'hôtel.

Choisissez de beaux rougets bien frais. Nettoyez-les avec un linge, ciselez en travers, arrosez-les d'huile d'olive, salez et poivrez-les, les ranger sur un gril, les faire cuire doucement sur la braise, préparez une maître d'hôtel, mettez-en un peu dans le fond du plat, dressez vos rougets dessus, couvrez-les avec le reste de la maître d'hôtel qui vous reste, et servez.

Gratin de Turbot à la Duchesse.

Prenez une tête de turbot un peu largement, faites-la cuire à l'eau de sel, séparez, après cuisson, toute la

chair des os, soit avec une fourchette ou une cuillère ;
faites, avec une purée de pommes de terre un peu
ferme, une bordure sur un plat, assez haute pour contenir les débris de votre poisson. Mettez dans le
milieu de votre bordure quelques cuillères de béchamel
mêlée à un peu de parmesan râpé. Mettez un lit de
votre poisson, alternez comme cela jusqu'à la hauteur
de la bordure, de manière que celle-ci dépasse un peu
le poisson. Semez dessus un peu de chapelure mêlée
de parmesan râpé, arrosez de beurre fondu, dorez la
bordure et poussez au four. Lorsque vous voyez qu'il
est de belle couleur, servez.

Tranches de Saumon grillées à la Tartare.

Prenez dans le milieu d'un saumon deux ou trois
tranches de 2 centimètres d'épaisseur, selon le nombre
de personnes que vous avez pour déjeuner ; arrosez les
tranches de bonne huile d'olive après les avoir assaisonnées de bon goût, les faire griller à petit feu, de
manière que les deux côtés ne soient pas trop surpris
par la grillade. Après cuisson, dressez vos tranches à
cheval sur un plat long ; accompagnez ce plat d'une
saucière de sauce tartare.

Sole au Vin blanc.

Choisissez une belle sole fraiche et épaisse. Nettoyez-la, beurrez un plat à gratin assez large pour la
contenir ; posez-y votre sole et mouillez-la à couvert de
vin blanc de Chablis, assaisonnez de bon goût et faites
partir sur le feu ; quelques minutes suffisent, retournez

la sole et laissez mijoter un bon quart d'heure, l'égoutter. Lier la cuisson avec un bon morceau de beurre
manié et un peu de jus de champignon. Mettre votre
sole sur un plat et la napper avec la sauce en servant.

Langouste à la Parisienne.

Choisissez une moyenne langouste cuite et bien fraîche, faites une incision en dessous de la queue tout
autour pour en enlever les chairs sans briser la carapace et vider également le dedans du corps que vous
mettrez de côté. Coupez la queue en belles lames minces sans les briser, les mettre dans un plat : assaisonnez de sel, poivre, huile et vinaigre, sans les déformer,
placez la carapace de la langouste sur un pain de mie
taillé en biais et beurré, de manière que le morceau
soit plus haut d'un côté que de l'autre pour faciliter le
dressage de la langouste, la tête plus élevée que la
queue ; garnissez le tour de votre langouste avec une
salade de légumes dressée symétriquement et avec
goût : placez ensuite vos lames de langouste à cheval
les unes sur les autres sur la queue. Mettez un bon
bouquet de salade en tête et servez une saucière de
mayonnaise à part.

Bar sauce aux Câpres.

Faites cuire un beau bar frais (et nettoyé d'avance)
à l'eau de sel, comme il est indiqué pour le turbot ; servez, entouré de persil frais, et envoyez, à part, une
saucière de sauce aux câpres bien crémeuse.

Darne de Saumon sauce Génevoise.

Choisissez un morceau d'un milieu de saumon, faites-le cuire à l'eau de sel, un oignon et un bon bouquet garni. Lorsqu'il est poché, dressez sur serviette entourée de persil frais. Envoyez avec une saucière de sauce génevoise au maigre.

Sauce Génevoise au Maigre.

Passez au beurre une petite mirepois de carottes, céleri, oignons, champignons coupés en dés ; singez avec un peu de farine et mouillez avec du vieux vin de Bourgogne, laissez réduire à petit feu, mouillez encore avec du bon fond de poisson ; passez le tout à l'étamine et terminez avec un bon morceau de beurre frais, en ayant soin de vanner votre sauce jusqu'au moment de servir.

Filets de Maquereaux Maître d'Hôtel.

Levez les filets de plusieurs maquereaux bien frais, les parer ; huilez un plafond d'office et rangez-les dessus ; les assaisonner et les couvrir d'un papier beurré ; les pousser à four chaud, de manière qu'ils pochent vivement ; les servir sur un plat ; faire pocher les laitances à part et les mettre ensuite sur les filets dressés ; les napper avec une sauce maître d'hôtel et servez.

Brochet farci aux Truffes.

Prenez un brochet de moyenne grandeur, que vous nettoyez et videz ; le farcir avec une bonne farce à poisson, l'emballer ensuite avec une feuille de papier beurré, le faire cuire avec une bouteille de bon vin blanc ; garnissez sa cuisson avec carotte, oignon, persil, thym et laurier ; avoir soin de l'arroser souvent ; lorsqu'il est cuit, prenez la sauce à poisson, passez-y votre cuisson dedans, faites réduire le tout, beurrez-la et ajoutez-y de belles lames de truffes et servez.

Filets de Turbot à la Crème.

Prenez un morceau de turbot assez épais, faites-en des filets bien égaux que vous rangez dans un plat à sauter beurré ; les assaisonner de bon goût, les mouiller légèrement avec du Chablis, les couvrir d'un papier beurré et les pousser au four pour les pocher : avec les parures, faites-en un peu de farce pour faire une bordure pour y dresser vos filets ; d'un autre côté, faites une bonne béchamel bien crémeuse et beurrée, ajoutez le fond de vos filets, dressez-les sur votre bordure et saucez par-dessus et envoyez.

Truites de lac au Beurre fondu.

Choisissez deux ou trois truites de lac bien fraîches, nettoyez et essuyez-les avec un linge, beurrez un plat ovale à gratin ou une plaque d'office, couchez-y vos truites, assaisonnez-les et les arroser de beurre fondu et poussez-les au four en ayant soin de les arroser souvent avec le beurre ; lorsque vos truites sont cuites, dressez-les sur un plat sans les déformer, arrosez-les de beurre fondu et de leur fond de cuisson ainsi qu'un peu de persil haché et un jus de citron.

Cabillaud sauce aux Huîtres.

Prenez un beau cabillaud bien frais, le nettoyer et le cuire à l'eau de sel, comme pour le turbot ou autre poisson semblable ; l'égoutter ensuite ; le dresser sur une serviette, entouré de persil frais.

D'un autre côté, ayez deux ou trois douzaines d'huîtres que vous faites pocher, égouttez-les ; retirez-en les noix que vous coupez en deux ; faites une petite béchamel serrée dans laquelle vous incorporez la cuisson des huîtres ; beurrez-la ; mettez-y vos huîtres et servez dans une saucière.

Cabillaud sauce aux Œufs.

Choisissez un cabillaud de moyenne grosseur et bien frais, le nettoyer et le cuire à l'eau de sel sans le laisser bouillir ; l'égoutter et le dresser sur un plat garni d'une serviette, et l'entourer de persil frais ; faites cuire des œufs durs, les nettoyer et les couper en petits dés ; les mettre au dernier moment dans une sauce béchamel beurrée et crémeuse ; envoyez cette sauce avec le poisson.

Truite sauce Crevettes.

Prenez une moyenne truite bien fraîche, nettoyez-la, faites-la cuire au court bouillon comme il est indiqué précédemment ; servez votre truite sur serviette entourée de persil frais et envoyez une sauce crevette à part, composée d'une hollandaise et un beurre de crevettes au dernier moment, ainsi que les queues de crevettes coupées en deux et mêlées à la sauce.

5.

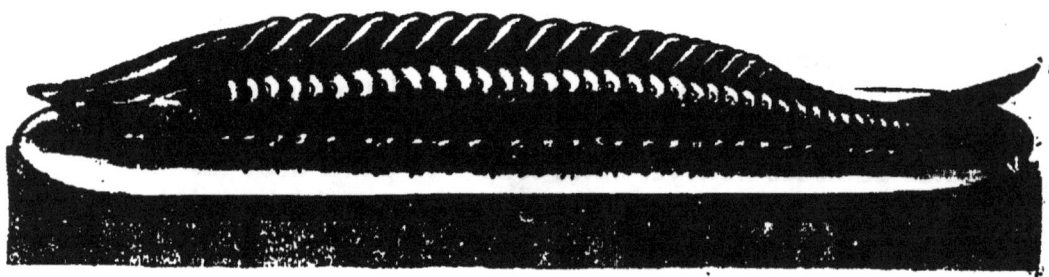

STERLET SAUCE A LA CRÈME AIGRE

Sterlet sauce à la Crème aigre.

Le sterlet est un poisson très estimé des gourmets et principalement en Russie, où on le pêche ; cependant, il nous en arrive encore assez souvent sur nos marchés, dans des caisses de glace. J'en ai servi à Nice, ainsi qu'à Paris et à Londres. La maison Potel et Chabot en reçoit assez souvent, ainsi que les maisons Charles, Groves, etc., de Londres.

Prenez un petit sterlet, faites-le cuire au court bouillon et mouillez avec une bonne bouteille de bon Chablis, un bon bouquet de *fenouille*, un oignon coupé en rondelles. Lorsqu'il est cuit, servez-le entouré de persil frais, faites une hollandaise dans laquelle vous y introduisez de la crème aigre et deux ou trois cuillerées de raifort râpé, un demi-jus de citron et une petite pluche de fenouille blanchie *(Voir la gravure)*.

Côtelettes de Turbot à la Pojarski.

Prenez une ou deux livres de turbot, levez-en la chair, assaisonnez de bon goût : sel, poivre et muscade. Hachez le tout ensemble sur une planche de cuisine, en y ajoutant le tiers de son poids de beurre fin et de la crème double ; formez-en, avec votre couteau ou d'un couteau à palette, de petites côtelettes que vous panez une première fois sans œufs pour pouvoir les former plus aisément, panez à l'œuf ensuite.

Lorsque vos côtelettes sont toutes formées, sautez-les dans du beurre clarifié, qu'elles soient de belle couleur ; dressez-les sur bordure avec une garniture quelconque, soit une purée de pommes de terre légère, purée de céleris, champignons, etc., selon votre goût.

Côtelettes de Turbot Normande.

Prenez deux ou trois livres de turbot assez épais, faites-en des filets pour en former des côtelettes que vous placez dans un plat à sauter bien beurré, salez et poivrez, les mouiller avec un peu de Chablis, les couvrir d'un papier beurré, les faire pocher un moment avant de servir, les dresser sur bordure de farce et emplir le puits d'une garniture à la normande : petites quenelles, champignons, moules, huîtres, truffes, etc., le tout saucé d'une bonne suprême de poisson, bien beurrée et crémeuse.

Darne de Saumon sauce Mousseuse.

Prenez une belle tranche du milieu d'un saumon assez fort pour que votre darne soit d'une belle grosseur. Cuisez-la au court bouillon comme il est indiqué pour les poissons ; la servir sur une serviette entourée de persil frais, et envoyer une saucière de sauce mousseuse.

Matelotte d'Anguille à la Bourguignonne.

Prenez deux belles anguilles, dépouillez-les de leur peau, les couper en tronçons, les mettre ensuite dans un chaudron en cuivre sans être étamé, couvrir en tronçons avec du vin vieux de Bourgogne. saler, poivrer, un bon bouquet de persil garni, trois ou quatre gousses d'ail et un bon verre de cognac ; cuire à feu ardent, dix minutes d'ébullition, y mettre le feu afin que l'esprit-de-vin se dégage, retirer ensuite la matelotte du feu. Préparez d'un autre côté de petits oignons glacés et de champignons qui doit vous servir de garniture ainsi que quelques écrevisses et des petits croûtons passés au beurre ; retirez vos tronçons d'anguille, liez le fond avec un beurre manié à la farine ; y remettre vos tronçons après avoir passé la sauce, y ajouter un bon morceau de beurre en tournant légèrement. Dressez vos tronçons en buisson sur un plat, en garnir le tour avec les champignons et les petits oignons, saucez par-dessus, placez vos écrevisses et servez.

Saumon à la Motovski.

Dans mon dernier voyage en Laponie, sur les bords de la rivière de Pasvik près du lac Enara, j'ai vu servir ce mets qui, je vous l'assure, est très bon. Je l'ai servi depuis lorsque j'étais à court de provision, car le poisson de toutes sortes ne manque pas dans la mer du Nord.

Recette. — Lorsque vous avez un bon morceau de saumon de reste de la veille, l'éplucher des arêtes, le piler dans le mortier avec un bon morceau de beurre, sel, poivre et du persil haché. Ayez la moitié de son volume de pommes de terre cuites à l'eau, les piler ensemble grossièrement, en faire un pain conique que vous dressez sur un plat à gratin, le lisser avec le couteau, l'arroser de beurre fondu, le pousser au four. Lorsqu'il est de bonne couleur, servez-le accompagné d'une bonne sauce hollandaise.

Rouget grillé Maître d'Hôtel.

Choisissez de beaux rougets d'égale grosseur, les essuyer, leur faire de petites incisions transversales et les rouler dans un peu d'huile, les saler, poivrer, les griller, de manière qu'ils soient cuits à point ; préparez une bonne maître d'hôtel que vous mettez sur le plat, dressez-y vos rougets, mettez encore un peu de maître d'hôtel dessus et servez.

Mousse de Homard à la Russe.

Prenez deux ou trois homards cuits, en enlever les chairs que vous pilez avec un peu de sauce à poisson et l'intérieur de la carapace ; passez le tout au tamis fin et allongez cette purée avec un peu de suprême collée à la gelée de poisson, dans laquelle vous y aurez introduit un beurre de homard, de manière que votre appareil soit d'une belle couleur ; ajoutez-y de la crème fouettée et moulez dans un moule à pain, mettez ce moule à la glace jusqu'au moment de le démouler et entourez votre mousse d'une petite salade de tomate et de concombre.

Barbue sauce Hollandaise.

Choisissez une belle barbue bien fraîche, la nettoyer, la cuire à l'eau de sel et quelques gouttes de jus de citron, la faire pocher doucement, sans bouillir, sans quoi votre poisson se briserait (c'est très facile : au premier bouillon, retirez-le du feu, il pochera doucement) ; il sera crémeux et ferme ; au moment de le ser-

vir, égouttez-le et dressez sur un plat où vous aurez
préparé une serviette dans le fond du plat, garnissez-le
de persil frais et envoyez une bonne sauce hollandaise
à part. (Voyez sauce.)

Filet de Truite sauce Crevettes.

Prenez une belle truite bien fraîche, enlevez les filets
et la peau, faites-en des filets comme des petites côtelettes, beurrez un plat à sauter et placez-y vos petits
filets, arrosez-les avec du beurre fondu ou clarifié,
couvrez-les d'un rond de papier beurré, faites-les
pocher au four un quart d'heure avant de servir ; lorsqu'ils sont pochés, égouttez-les sur une serviette,
dressez-les en couronne et saucez avec une sauce
réduite où vous y aurez introduit le fond de cuisson,
un beurre de crevette et un morceau de beurre frais.
Mettez dans le puits des crevettes épluchées et coupées
en deux ou même entières.

(Jaune dorée) ou Saint Pierre sauce Hollandaise.

Ce poisson se cuit comme le turbot ou la barbue, à
l'eau de sel, en ayant soin, toutefois, de le laisser
pocher très doucement, sans cela ce poisson se
déforme assez vite ; servez sur serviette entourée de
persil frais ; envoyez une saucière de sauce hollandaise avec. L'on peut également cuire ce poisson au
four en l'arrosant de beurre pendant sa cuisson ; lorsqu'il est cuit, vous y ajoutez un peu de persil haché à
la cuisson.

Caisse de Laitance de carpe à la Louvois.

Passez un peu d'huile dans de petites caisses à souf-
fler, les passer au four : foncez vos petites caisses avec
un peu de sauce à poisson ou un peu de béchamel.
Faites blanchir de belles laitances de carpe ; les égoutter sur une serviette ; emplissez vos petites caisses,
ensuite les couvrir légèrement de sauce pour les masquer seulement, poussez-les au four quelques minutes
et servez sur serviette.

Crabe dressé à l'Anglaise.

Choisissez un beau crabe ; le cuire à l'eau de sel ;
lorsqu'il est froid, enlevez-lui les pattes, que vous mettez de côté, pour dresser ; faites avec la pointe du couteau une incision circulaire sur la carapace inférieure,
en enlever toutes les chairs dans une assiette, nettoyer
la carapace vidée, car c'est elle-même qui doit recevoir
la salade ainsi préparée ; émiettez les chairs en
julienne, ce qui se fait facilement ; lorsque vous aurez
terminé, liez le tout avec un peu de mayonnaise, un

peu d'estragon et de cerfeuil haché, une petite pincée
de caprica et assaisonnez de bon goût ; emplissez la
carapace, bien la lisser en dôme ; avec les pattes, formez-en une couronne en les enfilant au bout l'une de
l'autre ; placez cette couronne sur une serviette et
votre crabe dressé dessus, entourez également de persil frais en servant.

Petits Bugues frits au Beurre.

Ce poisson est beaucoup estimé sur les côtes de la
Méditerranée ; sa chair est très ferme et très digeste.
Prenez des bugues bien frais, les nettoyer et les
essuyer avec un linge bien propre, les passer ensuite
dans la farine pour en enlever l'humidité, les frire
dans le beurre, les saler, les dresser en les arrosant
avec du beurre fondu, un jus de citron et un peu de
persil haché.

Langouste à la Grimaldi.

Choisissez trois ou quatre langoustes cuites, de
moyenne grosseur, à peu près égales ; séparez-en les
queues du corps et enlevez la chair sans les briser,
coupez les queues en rondelles de la même grosseur,
comme pour une mayonnaise. Mettre les rondelles
dans un plat, les assaisonner avec sel, poivre, huile et
vinaigre ; laissez au frais ou sur la glace, ensuite videz
les carapaces du corps, que vous nettoyez proprement,
et les redresser avec les ciseaux, qu'elles soient bien
droites et qu'elles puissent se tenir sur le milieu de

votre plat, de manière à en former un petit donjon. Prenez un moule à bordure, que vous emplissez avec une salade de légunies à la cuillère et légèrement collée à l'aspic de poisson, que vous laissez au frais ou à la glace ; faites un petit ragoût de truffes, champignons, moules et huîtres, que vous assaisonnez avec de la mayonnaise, pour emplir le puits de la bordure. Démoulez votre bordure sur un plat : emplir le puits avec votre petit ragoût, dressez vos rondelles de langouste sur la bordure et mettez au milieu les trois carapaces appuyées les unes contre les autres ; y mettre un cordon de gelée entre les parois avec un cornet ; glacez les carapaces au pinceau et finir avec un petit bouquet de persil dessus.

Paupiettes de filets de Sole demi-deuil.

Levez les filets de plusieurs soles, les parer, les aplatir avec la batte en les conservant tous bien égal, de manière qu'ils ne soient pas plus larges les uns que les autres. Ayez un peu de farce de poisson, soit faite avec les parures de vos soles ou avec un merlan, dans laquelle vous aurez mis un salpicon de truffes coupé en dés ; étendez vos filets sur un marbre, les uns contre les autres ; masquez-les de votre farce, ensuite roulez-les en forme de boudin, que vous entourez d'une bande de papier beurré ; placez-les les uns à côté des autres dans un plat à sauter, beurré, et les mouiller avec un demi-verre de vin blanc. Les couvrir d'un papier beurré et les faire pocher au four sans bouillir ; lorsqu'ils sont pochés, déballez-les et dressez

en couronne avec une garniture de truffe émincée ou
un salpicon d'écrevisse ; saucez avec une bonne hollandaise crémeuse.

Pain de Brochet à la Marinière.

Levez les chairs d'un moyen brochet bien frais, que
vous pilez pour en faire une farce en y ajoutant le
quart de son poids de beurre frais, un ou deux œufs,
selon la quantité que vous désirez ; l'assaisonner de
bon goût ; mêler à la farce deux ou trois cuillerées de

bonne béchamel réduite et froide ; passez le tout au
tamis fin. D'un autre côté, beurrez un moule droit à
cylindre, que vous décorez avec de la truffe, selon
votre idée ; finissez votre farce en la montant à la
crème ; l'essayer à l'eau bouillante avec une petite
quenelle ; emplir votre moule sans faire tomber votre
décor ; le pocher doucement, comme toutes les farces,
sans le laisser bouillir. Faites avec la tête et les restes
de parure de votre brochet un bon fond, mouillé avec
du vin blanc, qui vous servira pour votre sauce : cette
sauce demande à être bien beurrée et crémeuse.
Comme garniture, mettez champignons, truffes, moules et quelques petites quenelles à la cuillère ; démoulez
votre pain et mettez la garniture dans le puits et saucez.

Salade de Crevettes.

Ayez de belles crevettes que nous appelons Bouquet,
pour décorer. Ayez-en d'autres plus petites pour garnir

vos petites croustades. D'un autre côté, faites cuire des œufs durs, que vous laissez refroidir après cuisson. Pendant ce temps, préparez une salade de légumes pour mettre dans le milieu de votre plat. Coupez vos œufs, le dessus et le dessous, sans atteindre le jaune ; les vider en faisant une entaille dans le milieu avec un coupe-pâte à colonne, pas par trop profond, de manière à en former une croustade, dont le fond est plein. Conservez bien le blanc et le jaune que vous en avez tirés, vous les passerez séparément sur un tamis en fer. D'un autre côté, épluchez vos petites crevettes que vous couperez en trois ou quatre, comme pour des bouchées. Ayez un fond de riz ou de pain pour dresser votre salade. Emplissez vos croustades d'œufs avec votre salpicon de crevettes, que vous aurez assaisonné à l'avance avec un peu d'estragon et de cerfeuil hachés et de mayonnaise, ensuite saupoudrez les uns avec du jaune d'œuf, les autres avec du blanc, que vous avez passé au tamis. Placez votre salade de légumes au milieu du plat et dressez vos petites croustades garnies autour, en laissant un petit espace entre chaque pour y placer une belle crevette ébarbée seulement, dont la pointe de la tête est piquée dans le fond de riz et la queue en arrière, touchant la salade de légumes. Croûtonnez les bords du plat avec de la belle gelée et envoyez.

Ce plat peut se donner pour un bal et est d'un joli effet.

Turban de Merlans à la Beaumont.

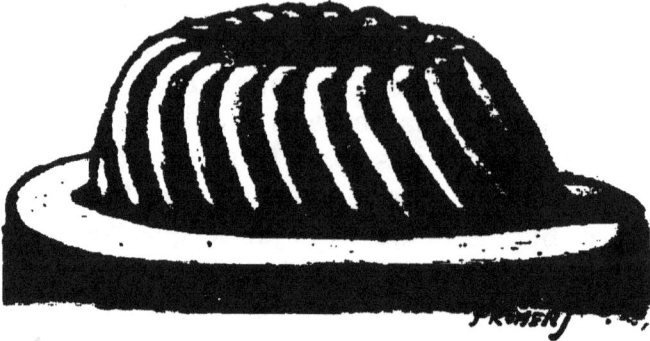

Levez les filets d'une douzaine de merlans de même grosseur ; avec les parures, faites une petite farce à poisson, comme l'indique (farce à poisson) ; prenez un dôme cylindré, le beurrer et l'emplir de farce à poisson, le pocher à l'eau bouillante et le démouler ; placez vos filets de merlans à cheval les uns sur les autres, à égale distance, sur votre pain, qui doit être refroidi et un peu garni de farce de poisson ; pour soutenir vos filets, les entourer avec des bandes de papier beurré et faire pocher votre turban, doucement, au four. D'un autre côté, vous préparez une petite garniture de queues d'écrevisses, pour mettre dans le puits de votre turban, et saucez avec une sauce crémeuse au beurre d'écrevisse.

Boudins de Merlan à la Meunière.

Levez les chairs de plusieurs merlans pour en faire de la farce, comme il est indiqué pour les farces à poisson. Beurrez des moules à boudin et décorez-les avec de la truffe, seulement sur un côté du moule, de manière que, lorsqu'ils seront dressés en couronnes, l'on puisse voir le décor. D'un autre côté, ayez un peu de sauce à poisson, bien réduite, avec un salpicon de truffes, de champignons hachés, que vous mettez sur la glace pour que vous puissiez en former de petites parties aplaties pour mettre à l'intérieur de vos boudins. Lorsque votre farce est terminée, emplissez vos moules à moitié, posez une petite boulette aplatie sur votre farce et finissez d'emplir le moule en ayant soin de lisser la farce avec la lame d'un couteau ; les ranger dans un plat à sauter et faire pocher à l'eau bouillante : ensuite les démouler sur une serviette pour les égoutter, les dresser en couronne, soit sur une petite bordure ou à même le plat ; envoyez à part une saucière de sauce de poisson bien beurrée et crémeuse, en verser un peu autour de votre entrée, sans la napper, ce qui couvrirait votre décor.

Vol-au-vent à la Béchamel.

Faites une belle croûte de vol-au-vent bien légère à l'avance pour mettre la garniture ainsi composée : Faites avec plusieurs merlans un peu de farce à quenelle comme il est indiqué pour la farce à quenelle ; faites de petites quenelles à la cuillère à café ; les pocher et les égoutter ; ayez en même temps quelques moules et huîtres blanchies ainsi que des champignons et truffes coupées en lames, ce qui doit composer la garniture de votre vol-au-vent ; mouillez cette garniture avec une bonne béchamel bien crémeuse et beurréc ; conservez cette garniture au bain-marie jusqu'au moment de servir votre vol-au-vent.

Médaillons de Truite à la Chency.

Prenez une truite bien fraîche et d'une moyenne grosseur (de 30 à 35 centimètres) de longueur, et que les chairs soient d'une belle couleur.

Enlevez la tête, fendez la truite sur toute sa longueur sous le ventre, lui enlever les arêtes ainsi que la peau, avoir bien soin dans cette opération de ne pas briser les chairs, l'aplatir doucement avec une batte légère, afin que la truite forme un carré long, comme pour en faire une galantine, l'assaisonner de sel et poivre.

D'un autre côté, préparez des carottes, navets, haricots verts, et un peu de racine de persil, que vous coupez en petits dés comme pour une brunoise, faire blanchir ces légumes à l'eau de sel, séparément, les rafraîchir, lorsqu'ils sont prêts, les mettre ensemble sur une serviette afin qu'il n'y ait plus d'eau, ensuite vous étalez les légumes sur votre truite correctement ; bien à plat, roulez votre truite en boudin sur toute sa longueur, de manière que la truite après cuisson ne soit pas plus grosse de diamètre qu'une pièce de cinq francs.

L'emballer dans un papier beurré, la mettre dans une petite poissonnière ou une braisière, avec un demi-verre de vin de Chablis ; la faire pocher à four sensible, lorsqu'elle est pochée, la faire refroidir, ensuite la déballer, la découper par tranches de un centimètre et demi d'épaisseur, et que les tranches soient toutes bien égales, les masquer avec de la gelée que vous aurez préparé d'avance avec la tête et les débris parures de votre truite.

Dressez les médaillons en couronne autour d'une petite salade russe, et envoyez une sauce ravigote à part.

Ce plat, dressé sur croustade de riz, peut être servi dans les soupers de bal ou pour un déjeuner.

Le Vra.

Dans mon récent voyage à Cherbourg, j'ai visité le marché aux poissons qui mérite toute l'attention d'un homme du métier. Il y a des sortes de poissons qui sont assez rares sur la place de Paris ; toutes les couleurs y sont reproduites.

Il y a le vra verdâtre, jaune ou rouge tigré, il y en a de toutes les grosseurs ; j'en ai vu pêcher par des jeu-

6

nes garçons sur la digue, cela m'avait l'air assez facile
à prendre.

A l'hôtel de France, où nous étions descendus, l'on
nous en fit manger. Ce poisson est excellent frit, il
rappelle un peu le merlan, seulement il est plus large
de corps et la chair plus ferme.

Lorsque ce poisson est bien nettoyé et essuyé, le
passer simplement dans du lait, ensuite à la farine et
le frire à friture bien chaude ; le dresser en buisson
avec du persil frit et des quartiers de citron.

On peut également employer sa chair pour quenelles
ou boudins, soit pour garnitures ou pour entrées maigres.

Vras frits.

Prenez des petits vras. Bien les nettoyer, les essuyer,
les tremper dans du lait, ensuite les passer dans la
farine et les plonger à friture chaude, les dresser en
buisson avec persil frit et quartiers de citron.

Vra farci rôti.

Prenez un vra d'une bonne grosseur ; le nettoyer, le
fendre d'un côté du ventre et lui enlever toutes les arêtes. D'un autre côté, prenez la chair de plusieurs vras
pour en faire de la farce composée comme suit : prenez
un quart de livre de mie de pain fait à l'eau de mer que
vous imbibez dans du lait et pressez-le dans un linge ;
ensuite, pilez une demi-livre de chair de vra que vous
assaisonnez de bon goût, joignez-y votre mie de pain
et passez au tamis, y ajouter quelques fines herbes

hachées et farcir votre poisson; l'envelopper d'un papier beurré et le pousser au four assez chaud, à moitié cuisson l'arroser avec un verre de cidre et un bon morceau de beurre et le servir, après cuisson terminée, avec le fond.

L'Alose sans arête.

C'est dans le mois de mai que paraît l'alose, c'est le poisson du printemps, l'on mange l'alose presque toujours grillée ou cuite au four, il est bien préférable de la manger sans arête, surtout lorsque l'on a du temps à soi.

J'ai vu servir l'alose sans arête maintes fois, et tous les convives l'ont trouvée excellente.

Alose à la Beaulieu.

Prenez une belle alose pas trop grosse ; bien la nettoyer, la saler intérieurement et l'emballer dans un linge très propre. Foncez une petite braisière avec quelques rondelles de carottes, un oignon entier et un bouquet garni, y coucher votre alose et la mouiller avec un bon verre de cognac et un bon verre de Chablis, la couvrir avec de l'oseille fraîchement cueillie et nettoyée de ses filets ; bien tasser l'oseille de chaque côté de l'alose. La faire partir sur un feu doux et ensuite la faire mijoter très doucement pendant douze heures, soit dans des cendres chaudes ou dans un four très doux, ce qui serait préférable.

Lorsque la cuisson est terminée, vous retirez l'oseille afin d'avoir la facilité d'agir pour enlever l'alose que

vous déballerez, la dresser ensuite et l'arroser soit
avec du beurre fin fondu ou une sauce gênevoise, servir l'oseille à part après l'avoir passée et lui avoir
ajouté un peu de demi-glace.

Vous ne devez plus y trouver d'arêtes, elles se trouvent réduites à l'état de gélatine.

Ce mets peut se servir froid sans perdre aucune de
ses qualités ; dans ce cas, l'on remplace l'oseille par de
la gelée et une sauce mayonnaise.

Côtelettes de Homard à la Saint-Brice.

Prenez les chairs de deux beaux homards cuits ;
coupez-les en petits dés ou carrés, de manière à en
faire des croquettes que vous liez dans une sauce au
beurre de homard réduite et liée au dernier moment ;
mêlez également à votre homard un salpicon de truffes
coupées d'égale grosseur ; mettez cet appareil à refroidir ; distribuez vos côtelettes sur la table, en leur donnant les formes de côtelettes ; panez-les à l'œuf et à la
mie de pain fraîche ; avec la lame d'un couteau, unis-
.sez-les bien, qu'elles aient une jolie forme ; faites-les
frire d'une belle couleur ; mettez à chaque côtelette un
petit os de pâte de homard, ainsi qu'une papillote ; servez en couronne sur serviette et un bouquet de persil
frit dans le centre.

Vol-au-vent aux quenelles de Brochet.

Préparez des quenelles de brochets comme il est
indiqué à l'article Quenelle ; ayez une bonne sauce
de poisson au vin blanc, bien beurrée, mettez-y vos

quenelles, quelques champignons et quelques huîtres blanchies, emplissez une croûte de vol-au-vent chaude et l'entourez de quelques écrevisses et servez.

Timbale de Gnochis à la Crème.

Préparez une croûte de timbale cuite d'avance et bien sèche, faites un appareil à gnochis avec de la pâte à choux au fromage, comme il est indiqué d'autre part ; faites pocher cette pâte dans l'eau bouillante par le moyen d'une poche à pâtisserie en coupant avec un couteau à mesure que l'appareil sort de la poche ; faites en sorte que ces petites quenelles soient toutes à peu près égales. Lorsqu'elles sont toutes pochées, les égoutter et les mettre dans une bonne sauce béchamel bien beurrée et crémeuse et qu'elle soit d'un bon goût. Emplir votre timbale et servez.

Coulibiac de Saumon à la Russe.

Faites une pâte à brioche commune, mouillée avec moitié lait tiède et œufs ; laissez revenir la pâte dans un endroit tiède, ensuite étendre votre pâte en ovale comme pour un pâté long ; sautez des filets de saumon et les laisser refroidir ; ayez un peu de vesiga haché, ainsi qu'un peu de persil et de fenouil passés au beurre avec un peu d'échalote hachée ; mêlez le tout ensemble et laissez refroidir ; ayez en même temps du riz de l'Inde ou Patna, cuit selon les règles ; garnissez votre coulibiac comme il suit : une couche de riz d'abord, les filets de saumon ensuite, un lit de vesiga,

6.

en alternant ainsi de suite ; reployez la pâte ensuite, afin de refermer et de souder votre pâté ; le retourner sur une plaque, de manière que les soudures se trouvent en dessous le doré ; le cuire à four modéré ; lorsqu'il est cuit, lui couler par l'ouverture un peu de beurre fondu.

Grenouilles à la Poulette.

Choisissez des grenouilles dépouillées et bien fraîches, faites-les cuire dans une casserole avec un oignon coupé en rondelles, carottes, un bouquet de persil garni ; mouillez le tout avec un peu de vin blanc et un morceau de beurre. Lorsque vos grenouilles sont cuites, les égoutter ; passez le fond, que vous liez avec un peu de farine, un bon morceau de beurre et un demi-verre de crème et deux ou trois jaunes d'œufs, remettre les grenouilles dans votre sauce et les servir entourées de petits croûtons frits.

Tourte aux Poireaux.

Préparez une croûte de tourte comme pour une tourte au godiveau ; d'une autre part, prenez une botte de poireaux bien blancs que vous épluchez et lavez. Coupez les poireaux de longueur de trois centimètres environ, faites-les blanchir, les égoutter ensuite en les pressant pour en extraire l'eau. Mettez un bon morceau de beurre dans une casserole, mettez-y vos poireaux coupés en les mouillant à couvert avec du lait, les assaisonner de bon goût, les faire cuire très doucement ; lorsque les poireaux sont assez cuits, préparez une liaison de trois jaunes d'œufs, un morceau de beurre frais et un verre de crème. Mêlez cette liaison aux poireaux ; emplissez votre tourte et servez.

Sarcelles rôties sur Canapé.

Videz et flambez des sarcelles, les trousser et les saler intérieurement, les mettre à la broche et les arroser avec du beurre fondu, les servir sur des croûtons passés au beurre et envoyez à part une saucière de beurre noisette.

Mayonnaise de Homard à la Denise.

Faites cuire une douzaine de petits œufs durs que vous rafraîchissez, enlevez les coquilles sans briser les œufs ; coupez-en les deux extrémités, de manière qu'ils soient de la même hauteur, avec un vide-pommes ; faites une incision jusqu'aux deux tiers de la hauteur de l'œuf, le vider de manière à en former une petite croustade avec le jaune que vous en retirez ; conservez-le pour le passer au tamis, ce qui doit vous servir pour la garniture des œufs mêlés avec des queues de crevettes et quelques cuillerées de mayonnaise bien relevée. D'un autre côté, ayez un ou deux homards cuits et froids, enlevez la carapace, en mettant le corail de côté ; découpez votre homard en rondelles de même dimension, placez-les symétriquement dans un bol, en commençant par le fond ; choisir les plus beaux morceaux. Lorsque votre bol est monté jusqu'au bord, emplissez-le d'une salade de laitue assaisonnée

avec un peu de mayonnaise et tous les débris de l'intérieur des pattes du homard ; démoulez votre bol sur un
plat et entourez de vos croustades d'œufs garnis, et
parsemez un peu de corail sur chaque œuf ; envoyez
une saucière de mayonnaise à part.

Curry de Homard à l'Indienne.

Pour faire un bon curry à l'Indienne, il faut avoir un
bon coco plein de son eau et bien frais, un oignon
d'Espagne doux, de la bonne poudre à curry des
Indes et du riz dit de Patna, avec cela, vous êtes sûr
de ne pas manquer votre mets.

Prenez un ou plusieurs homards cuits, bien frais,
détachez-en la carcasse des chairs, coupez ces chairs
en gros dés ou en rondelles, d'un autre côté ciselez un
oignon d'Espagne que vous faites revenir dans une
casserole avec un bon morceau de beurre. Lorsque
l'oignon commence à prendre une couleur blonde,
mettez une cuillerée de poudre à curry ainsi que les
morceaux coupés de homard, tournez-les encore
ensemble quelques minutes et mouillez ensuite avec
l'eau qui se trouve dans l'intérieur du coco. Brisez le
coco vide, détachez-en les parties inférieures blanches
que vous râpez sans en perdre, mettez ce blanc râpé
dans une casserole à couvert d'eau ; faites bouillir
quelques minutes, passez ce jus dans une passoire ou
une serviette, ajoutez ce jus à votre homard, mettez-y
un peu de sel et laissez réduire le homard dans sa cuisson, de manière qu'il n'y reste plus beaucoup de
mouillement ; à part, faites cuire du riz Patna à pleine

eau en y ajoutant le jus d'un citron ; lorsque vous sentez entre les doigts votre riz aux deux tiers cuit, égouttez-le, le rafraîchir d'un jet d'eau, l'égoutter sur un tamis, le couvrir d'une serviette et le laisser finir de cuire soit à l'étuve ou à la bouche d'un four doux. Le riz doit se séparer et ne pas se coller. Dressez votre currie de homard dans un plat d'entrée et votre riz sur une serviette à part, en pyramide, en le faisant tomber légèrement avec une fourchette. Chaque convive se sert du curry et du riz dans la même assiette où l'on doit les manger ensemble.

L'Escargot d'Avril au vin du clos de Chablis.

C'est en avril que l'escargot est le plus succulent et le meilleur à manger ; il a passé l'hiver dans la terre, sous la gorge d'un cep de vigne, où il a fait son carême en jeûnant dans son cloître, en attendant les jeunes tendrons de vigne ; c'est à ce moment que le vigneron, en piochant la vigne, qui est la première « façon de l'année », le trouve sous la gorge du cep, enfoui jusqu'aux racines. Il se présente encore fermé. Ce n'est qu'en mai qu'il se décide à montrer ses cornes.

Je me rappelle que tout enfant, j'allais chez ma grand'mère où, dans une chambre noire, il y avait un grand pot de grès dans lequel j'aurais pu tenir debout. C'est là qu'elle déposait tous les escargots qu'elle rapportait des vignes, pendant la bonne saison. C'était pour les faire jeûner, disait-elle ; mais ils grimpaient tous au couvercle pour s'évader de leur prison ; quelquefois l'un poussait l'autre et tous retombaient avec bruit dans le fond du pot.

J'en ressentais des frayeurs à en rêver la nuit, jusqu'au jour où elle me montra avec une lumière l'objet de mes terreurs.

Dès lors je n'eus plus peur, car je connaissais bien l'animal cornu pour en avoir vu dans les vignes, lorsque les feuilles sont pleines de rosée ou de pluie, traînant sur lui une petite maison en spirale.

J'en mangeai bien souvent depuis. Ma grand'mère savait les préparer fort bien et j'ai pu retrouver sa recette.

Recette. — Prenez des escargots d'avril encore bouchés, brossez-les dans une terrine d'eau froide pour en enlever la terre.

Ensuite mettez-les dans un chaudron ou une casserole pleine d'eau froide.

Mettez-les sur le feu pour les faire blanchir ; lorsqu'ils commencent à sentir l'eau tiédir, leur couvercle s'enlève et l'escargot commence à montrer sa tête.

Laissez sur le feu jusqu'à ce que l'eau ait fait plusieurs bouillons, les enlever de l'eau bouillante, les rafraîchir et les égoutter.

Ensuite, les enlever de leurs coquilles, en ôter le noir du fond, lequel est très amer et n'est pas mangeable. Mettez dans une casserole un bon bouquet de persil garni d'aromates, sel, poivre, et du bon vin vieux de Chablis. Faites-les cuire à petit feu.

Pendant la cuisson, vous nettoyez les coquilles proprement et les mettez à égoutter sur un tamis afin qu'il ne reste plus d'eau dans le fond des coquilles.

D'un autre côté, faites la garniture de la coquille, qui se compose d'une bonne poignée de persil frais haché très fin, de trois ou quatre gousses d'ail et très peu de ciboulette, le tout haché très fin. Prenez un bon morceau de beurre bien frais, le quart du volume du beurre de mie de pain passée au tamis ou à la passoire, et un peu de fromage de gruyère râpé que vous mêlez à la mie de pain. Faites avec le tout une pâte consistante en la maniant à la main. Goûtez, que ce soit bien relevé. Ensuite, garnissez le fond des coquilles : Mettez-y à chacune un escargot et finissez de remplir avec cet appareil. Rangez dans une tourtière ou dans un plat à gratin, que vous poussez au four assez chaud quelques minutes avant de servir ; l'escargot doit se manger brûlant et avec du bon vin blanc, car ce sont les huîtres de la Bourgogne.

Salade de Homard.

Prenez deux beaux homards, détachez-en la carapace, coupez en rondelles les queues et pattes que
vous assaisonnez avec sel, poivre, huile, vinaigre et
fines herbes. Placez au milieu d'un plat une petite
salade de laitue assaisonnée, dressez-y vos rondelles de
homard en couronne, nappez ensuite la salade de
homard et entourez-la d'œufs cuits durs. Semez
ensuite sur la salade un peu de corail de homard passé
au tamis et servez.

Escargots à l'Arlésienne.

Passez à la casserole un peu de lard coupé en dés,
saupoudrez d'un peu de farine et mouillez avec une
bouteille de vin blanc sec, ajoutez-y vos escargots, préparés d'avance comme il suit :

Prenez de moyens escargots que vous faites dégorger
à l'eau tiède, faites-les blanchir ensuite avec une poignée de sel. Les retirer de leurs coquilles, les égoutter,
les mettre ensuite dans votre casserole, y mettre en
même temps quelques gousses d'ail et beaucoup d'aro-
mate, les faire partir et les laisser cuire doucement.
Lorsqu'ils sont cuits, les égoutter et les mettre dans
leurs coquilles ; liez ensuite le fond des escargots,
ajoutez un verre de Madère, une pincée de cayenne,
mettez-y vos escargots, roulez-les dans la sauce,
semez-y en même temps un peu de persil haché et le
jus d'un citron, et servez bien chaud.

Sardines fraîches grillées.

Choisissez une livre de belles sardines ; lavez-les et les essuyer, les faire macérer dans l'huile d'olive, les ranger ensuite sur un gril, les faire griller sur un feu bien clair, les saler, les retourner, les dresser et les arroser d'une maître d'hôtel chaude.

Salade de Poisson à la Polonaise.

Prenez les restes d'un turbot cuit et refroidi. Divisez-le en petites parties de la grosseur d'un domino à jouer, si vous avez un peu de saumon de même. Assaisonnez ces morceaux avec huile, vinaigre, sel, poivre et fines herbes. Mêlez à ce poisson une douzaine d'huîtres blanchies et refroidies, ainsi que quelques pommes de terre vitelotes coupées en lames. Montez cette salade en dôme sur un fond de riz. Pour en faciliter le

7

dressage, l'on peut y mêler un peu de laitue ciseléc.
Nappez la salade d'une sauce ravigote. Dressez autour
des moitiés d'œufs cuits durs. Vider et remplir d'une
petite salade de légumes. Dressez également entre chaque œuf une crevette épluchée tel que le dessin le
représente. Servez cette salade comme entrée froide ou
comme second rôt.

Soufflé de Homard à la Cardinal Richard.

Prenez un ou deux homards crus, retirez-en les
chairs que vous pilez tout en conservant un peu de
corail pour votre sauce. Lorsque les chairs sont bien
pilées, passez le tout au tamis fin, assaisonnez de bon
goût, mêlez les deux tiers de son poids avec de la
crème fouettée. Beurrez un moule à pain et emplissez
votre moule que vous mettez à pocher à l'eau bouillante en arrêtant l'ébullition comme pour les quenelles.
Lorsque votre soufflé est poché à point, démoulez-le
sur un plat et nappez-le avec une bonne sauce crémeuse de homard. Garnissez le puits d'un ragoût de
crevettes épluchées, de moules, champignons, et de
truffes escalopées. Entourez la base de votre soufflé de
belles crevettes épluchées également.

Saumon froid historié.

Faites cuire un saumon au court bouillon pour froid,
l'égoutter, lui enlever la peau et le napper de gelée de
poisson, le décorer avec des crevettes et garnir la base
avec une salade de légumes par petits bouquets sépa-

rés, tels que carottes, navets, haricots verts, petits pois, pointes d'asperges, pommes de terre, tranches de tomates, et le tout bien assaisonné. Finissez le tour du plat par de jolis croûtons de gelée et envoyez avec une ou deux saucières de mayonnaise.

Friture de Goujon de Seine.

Choisissez de beaux goujons bien frais, les essuyer proprement avec un linge sec, les passer ensuite au lait et à la farine, mais bien les sécher dans la farine ; les mettre à friture chaude ; salez-les ; les dresser en buisson sur serviette, avec un bouquet de persil frit, accompagné de quelques quartiers de citron servis à part.

Côtelettes de sole à la Cardinal.

Levez les filets de plusieurs soles, les énerver, les battre de manière que les filets soient très minces et le plus large possible, placez vos filets de sole les uns à côté des autres de manière à n'en former qu'une nappe carrée en les aplatissant ensemble.

Beurrez une feuille de papier d'office et mettez cette nappe dessus. Ayez d'un autre côté de la farce de merlan dans laquelle vous y aurez mêlé du corail de homard en la pilant afin que cette farce soit d'une couleur rouge. Mettez cette farce sur le milieu de votre nappe de filets de sole avec l'aide du papier, ployez votre nappe en deux, comme cela la farce formera la noix de vos côtelettes, placez-les sur un plafond beurré, mettez un rouleau sur le bout des filets afin de bien former les côtelettes, poussez au four et laissez pocher doucement 25 à 30 minutes. Lorsque vos filets sont pochés ainsi que la farce, laissez-les refroidir, ensuite les déballer de leur papier et couper dessus des tranches égales de la grosseur d'une côtelette d'agneau, parez-les, les placer ensuite sur une grille et les napper avec de la gelée de poisson mi-prise, dressez une petite salade de légumes dans le milieu d'un plat en pyramide, dressez-y vos côtelettes autour de la salade, entourez votre plat avec des croûtons de gelée et servez.

—

TROISIÈME PARTIE

LES SAUCES

Sauce Béchamel au Maigre.

Mettez un morceau de beurre dans une casserole sur le feu. Lorsque le beurre est à peu près fondu, mettez-y de la farine pour en obtenir un roux blanc. Mouillez ensuite avec du lait bouilli, fouettez votre sauce vivement, afin qu'elle soit lisse et sans grumeaux, l'assaisonner. Lorsqu'elle est en ébullition, laissez-la mijoter quelque temps sur le coin du fourneau. Ensuite la passer à la mousseline dans une terrine, la vanner ensuite de temps en temps jusqu'à ce qu'elle soit entièrement refroidie. La mettre dans un endroit frais pour vous en servir.

Sauce au Blanc de Poisson.

Faites un roux blanc serré lorsque la farine est assez cuite, mouillez avec du bon fond de poisson comme pour un velouté, fouettez vivement votre sauce pour empêcher les grumeaux de se former, laissez bouillir votre sauce sur le coin du fourneau de manière à la faire réduire d'un bon tiers, l'on peut y ajouter quelques parures de champignon, c'est selon l'emploi que vous lui réservez ; la dégraisser, la passer à l'étamine ou à la mousseline, la vanner ensuite jusqu'à ce qu'elle soit entièrement refroidie si toutefois elle n'est pas employée de suite.

Sauce au Beurre.

Mettez un morceau de beurre dans une casserole, ajoutez-y de la farine, maniez le tout ensemble avec une cuiller de bois de matière à en former une pâte, mettez-y un peu de sel et couvrez d'eau froide ; mettez votre casserole sur le feu, au premier bouillon, retirez-la du feu et fouettez-la avec un fouet pour la rendre lisse, la finir ensuite avec un morceau de beurre divisé par petites parties, ajoutez-y un jus de citron et la passer à l'étamine, la mettre au bain-marie pour vous en servir ; avoir soin de la vanner de temps en temps, jusqu'au moment de la servir ; il est bon de faire ces sauces presque au moment de s'en servir.

Sauce Moutarde.

Cette sauce est la même que la sauce au beurre, avec une addition de une ou deux cuillerées de bonne moutarde de Dijon ou autre. Cette sauce ne se sert ordinairement que pour des harengs grillés.

Sauce Hollandaise.

Mettez dans une petite casserole une cuillerée de

vinaigre d'Orléans, une pincée de poivre mignonnette
et deux ou trois feuilles de thym ; laissez réduire le
tout sur le coin du fourneau en faisant bien attention
de ne pas laisser brûler, car il faudrait recommencer,
ce qui arrive quelquefois ; laissez refroidir, ensuite
mettez trois jaunes d'œufs et un peu de beurre dans
votre réduction en tenant votre casserole au bain-
marie ; fouettez vos jaunes avec le beurre comme pour
une mayonnaise, ajoutez de temps en temps un peu de
beurre jusqu'à ce que votre sauce soit assez montée et
mousseuse, la passer ensuite à la mousseline et la tenir
au bain-marie ; ajoutez-y un peu de jus de citron en la
vannant au moment de la servir.

Sauce Mayonnaise.

Mettez trois jaunes d'œufs dans une terrine ou un
grand bol, sel, poivre ; fouettez vos jaunes en y laissant
couler un petit filet d'huile d'olive ainsi que quelques
gouttes de citron ou du vinaigre ; fouettez toujours jusqu'à ce que votre sauce soit montée et en assez grande
quantité ; pour cela, l'on fait une petite entaille au bouchon afin que l'huile coule très doucement, sans cela
la mayonnaise serait susceptible de tourner.

Autre manière pour servir avec poisson : Mettez
trois jaunes dans une terrine, sel, poivre, une cuillerée
de fond de poisson bouillant ainsi qu'une demi-cuillerée de bon vinaigre à l'estragon ; fouettez le tout
ensemble jusqu'à ce que cela vienne très mousseux et
léger, ensuite versez votre huile en continuant de fouetter, jusqu'à ce que vous en ayez en assez grande

quantité. Ce procédé est plus expéditif et la mayonnaise a plus de corps ; l'on peut l'alléger avec une cuillerée de crème fouettée au dernier moment.

Mayonnaise Ravigote.

Prenez une poignée d'herbes, un peu d'estragon, de ciboulette, cerfeuil, persil, que vous faites blanchir ; les égoutter ensuite et en exprimer l'eau. Pilez ces herbes au mortier ainsi que trois ou quatre filets d'anchoi, un cornichon et une cuillerée de câpre, les passer ensuite au tamis ; incorporez à cette purée une cuillerée de bonne moutarde, mêlez le tout à votre mayonnaise et servez.

Sauce Tartare.

Mêlez à votre mayonnaise les herbes crues et hachées très fines, telles que d'un peu de cerfeuil, estragon, ciboulette, échalote, cornichon, câpres et persil, ainsi qu'une cuillerée de bonne moutarde et une pointe de cayenne.

Sauce Rémoulade.

Prenez une poignée d'herbes composée de persil, estragon, cerfeuil ; blanchissez ces herbes, en exprimer l'eau. Pilez-les avec quelques filets d'anchois et plusieurs jaunes d'œufs cuits ; passez le tout au tamis, ajoutez à cela un jaune cru ainsi qu'une cuillerée de bonne moutarde ; montez-la ensuite comme une mayonnaise avec de l'huile et vinaigre.

Sauce Génevoise au Maigre.

Passez au beurre une petite mirepois de carottes, céleri, oignons, champignons coupés en dés ; singez avec un peu de farine et mouillez avec du vieux vin de Bourgogne, laissez réduire à petit feu, mouillez encore avec du bon fond de poisson ; passez le tout à l'étamine et terminez avec un bon morceau de beurre frais, en ayant soin de vanner votre sauce jusqu'au moment de servir.

PATES SPÉCIALES

Pâte à Choux et Gnochis.

Mettez 60 grammes de beurre dans une casserole avec autant d'eau sur le feu ; lorsque le tout est en ébullition, mêlez 60 grammes de farine tamisée, mêlez et desséchez 20 minutes ; ensuite mouillez avec deux œufs, l'un après l'autre, de manière que la pâte prenne du corps. Si c'est pour vous en servir pour gnochis, ajoutez-y un peu de sel ; si c'est pour sucrer, ajoutez-y un peu de sucre et un peu de fleur d'orange.

LA QUERELLE DES LÉGUMES

(Fac-simile d'une enseigne de restaurant du commencement du xix⁰ siècle).

—

QUATRIÈME PARTIE

LES ENTREMETS DE LÉGUMES

———

Croûtes aux Champignons.

Prenez des beaux champignons bien fermes, pas par trop grands ni trop petits, enlevez-leur les queues et les nettoyer. Beurrez un plat à gratin grassement, faire des toasts de pain grillé et les couper de la grandeur de vos champignons, placez vos champignons dans votre plat à gratin, les uns à côté des autres, les assaisonner de bon goût, y mettre un petit morceau de beurre sur chacun d'eux et les pousser au four. Pendant ce temps, placez vos petits croûtons dans le fond d'un plat d'entrée et le tenir au chaud. Lorsque vos champignons sont cuits, dressez-les sur vos croûtons et arrosez-les avec le reste de leur cuisson, en y ajoutant un jus de citron et un peu de beurre fondu.

Choux-Fleurs au Gratin.

Faites cuire un ou deux choux-fleurs après les avoir nettoyés à l'eau de sel en y ajoutant un peu de beurre à la cuisson ; les égoutter après cuisson ; préparer d'une autre part une sauce au beurre bien assaisonnée et bien crémeuse ; ayez aussi du fromage de parmesan râpé ; versez une cuillère de sauce dans le fond du plat avec un peu de parmesan ; dressez votre chou-fleur et masquez-le de sauce et de fromage ; saupoudrez d'un peu de chapelure et l'arroser avec un peu de beurre fondu et au four chaud ; lorsqu'il a pris une belle couleur, retirez et servez.

Gnochis au Gratin.

Faites une pâte à choux commune au lait, dans laquelle vous y incorporez du fromage de parmesan râpé, beurrez un plat à sauter et faites des belles quenelles à la cuillère avec votre pâte ; lorsque votre plat est plein, mouillez ces quenelles à l'eau bouillante et laissez-les pocher sur le coin du feu. Les égoutter sur un linge, ensuite les placer sur un plat à gratin, les napper avec une sauce au beurre dans laquelle vous y aurez introduit du parmesan râpé et un peu de paprica ; semez par-dessus un peu de chapelure et quelques gouttes de beurre fondu ; poussez au four pour le faire gratiner et servez.

Petites Carottes à la Crème.

Tournez des petites carottes et les couper en deux, les blanchir et les faire cuire très doucement dans du beurre et un peu de bouillon maigre ainsi qu'un morceau de sucre, finissez-les au moment avec une cuillère de béchamel et de la crème, et servez.

Calecanom à l'Irlandaise.

Ayez des pommes de terre cuites et bien farineuses, brisez-les au moyen d'une fourchette, ajoutez-y un bon morceau de beurre et un cinquième d'herbe potagère bien hachée, le tout assaisonné de beurre, de sel, de poivre et de gingembre ; ce mets est très substantiel et assez agréable, servez dans un plat à légumes en en formant un dôme, et l'arroser d'un beurre fondu.

Pommes de Terre à la Crapaudine.

Epluchez de belles pommes de terre, que vous coupez ensuite en rondelles très minces ; beurrez grassement une tourtière en fonte émaillée ou une casserole à légumes; placez vos rondelles de pommes de terre par lit: un lit de pommes de terre, un lit de beurre et un lit de petites lames de fromage de gruyère ; lorsque la tourtière est pleine, assaisonner chaque lit et cuire sur un feu de braise; couvrir la tourtière et mettre du feu dessus également, jusqu à sa cuisson terminée. Ce mets se sert avec la tourtière même. L'on pourrait également en faire dans des casseroles d'argent au four, mais ce ne serait pas aussi bon.

Pâté de Pommes de Terre à l'Écossaise.

Prenez un plat à tarte à l'Anglaise, carré, long, beurrez-le fortement, coupez quelques oignons en rouelle, coupez également des pommes de terre assez fines pour qu'elles puissent cuire aisément ; lorsque votre plat est rempli, assaisonnez de bon goût et le mouiller légèrement, couvrir le plat avec de la pâte à feuilletage comme pour un pâté de viande, le dorer et le mettre cuire au four, de manière qu'il ait bonne couleur, servez après cuisson sur serviette.

Petits Pois à la Romaine.

Prenez un litre ou deux de petits pois, selon la quantité de convives que vous avez, faites votre possible que vos pois soient bien frais, ayez deux ou trois oignons blancs que vous ciselez très fin et deux belles laitues romaines bien blanches ; faites-en une chiffonnade que vous joignez à vos pois, prenez un bon morceau de beurre bien frais, mettez le tout dans une terrine ou une casserole, maniez à la main beurre, pois, oignons et romaines, comme pour en faire une pâte, ajoutez-y un petit bouquet de persil sans être garni et un petit morceau de sucre et un peu de sel, couvrez votre casserole, faites partir sans aucun mouillement, cuire à petit feu dans un four modéré, de manière qu'ils étuvent sans bouillir et liés naturellement au moment de les servir, sautez-les un peu, afin de les lier, et servez.

Salsifis frits.

Grattez une botte de salsifis, les mettre dans l'eau acidulée, les blanchir avec un blanc et quelques rondelles de citron épépiné, de manière qu'ils restent le plus blanc possible à leur cuisson, ensuite les égoutter, les assaisonner avec un peu de persil haché, de l'huile et du vinaigre; ayez une bonne pâte à frire ; les tremper dedans et les plonger par petites quantités à la friture bien chaude, les égoutter ensuite, les saler et les servir sur serviette avec un petit bouquet de persil frit.

Haricots verts sautés au Beurre.

Faites blanchir des haricots verts bien tendres, les rafraîchir et les égoutter sur un linge ; mettre un morceau de beurre dans un plat à sauter sur un bon feu; y mettre vos haricots, les sauter et finir avec un peu de persil haché.

Tomates farcies.

Choisissez de jolies tomates, les éplucher à l'eau bouillante, en enlever les pépins, faire une duxelle avec des champignons frais, farcir vos tomates, les ranger dans un plat à sauter, les cuire à four chaud quelques minutes avant de servir.

Courges gratinées à la Bernard.

Epluchez plusieurs courges que vous coupez et parez d'égale grosseur, faites-les blanchir à l'eau de sel, les égoutter sur un linge ; ensuite, beurrez un plat à gratin, placez-y vos morceaux de courges et nappez-les avec une bonne sauce tomate réduite et bien assaisonnée ; poussez votre plat au four et servez après cuisson.

Soufflé à la Parmentier.

Beurrez un moule à Charlotte grassement, chemi-

sez-le légèrement avec de la chapelure blonde ; faites
cuire des pommes de terre à la vapeur ou au four ;
lorsqu'elles sont cuites, les passer au tamis, les beurrer
en les maniant à la cuillère dans une casserole, leur
adjoindre une bonne poignée de fromage de gruyère
râpé trois jaunes et trois blancs fouettés ; emplissez
votre moule et faites-le cuire à four modéré ; lorsqu'il
est cuit, démoulez-le sur un plat et arrosez-le avec du
beurre noisette.

Chicorée à la Crème.

Faites blanchir de belles chicorées bien blanches, les
rafraîchir, les presser fortement pour en extraire l'eau,
les hacher très fin, mettre ensuite un bon morceau de
beurre fin dans une casserole, y mettre votre chicorée
assaisonnée de bon goût, les dessécher sur le feu et les
mouiller avec un peu de lait ou de la crème ; ajoutez-y
une ou deux cuillerées de béchamel, faire réduire le
tout ensemble et servez entouré de petits croûtons en
feuilletage ou de pain frit.

Aubergines frites à l'Américaine.

Epluchez plusieurs aubergines, les couper en rondelles d'un centimètre d'épaisseur ; mettez-les dans un
plat en les saupoudrant de sel, afin qu'elles rendent
leur eau ; les essuyer sur un linge. Ensuite, les tremper dans de l'œuf battu et les panner avec des biscuits
anglais (Albert) écrasés, et les passer au tamis à mie
de pain ; les frire de belle couleur ; les saler légère-

ment, les dresser sur serviette avec un bouquet de persil frit.

Choux marins sauce au Beurre.

Mettez en bottillon des choux marins bien blancs, faites-les cuire à l'eau de sel comme des asperges ; servez sur serviette sauce au beurre à part ou saucez dessus, lorsque vous les mettez dans un légumier.

Œufs pochés aux Épinards.

Ayez des épinards à la crème comme il est indiqué ; pochez des œufs bien frais, les égoutter et les placer en couronne autour des épinards, les arroser avec du beurre frais fondu et servez.

Omelette Russe.

L'omelette russe est une espèce de crêpe, seulement plus épaisse et moins coriace, mais elle est très nourrissante Voilà, à peu près, comme je l'ai vu faire : délayez dans une terrine trois ou quatre cuillerées de farine avec le double de bonne crème, ajoutez à cela six œufs entiers ; fouettez le tout ensemble, l'assaisonner ; beurrez une poêle à omelette avec du beurre fondu, à la hauteur d'un demi-centimètre ; lorsque votre beurre est bien chaud, mettez-y votre omelette battue et poussez-la au four et qu'elle soit de belle couleur sans la retourner ; servez ensuite sur un plat, en l'arrosant d'un peu de beurre fondu et servez.

Vitelottes à la Crème.

Aujourd'hui, il est bien difficile de se procurer de la vraie vitelotte ; il y en a, cependant, dans la plupart des marchés ; elle est souvent bâtardée, mais la vraie vitelotte est petite, longue et très mal formée ; elle ne vient que dans des terrains sablonneux ; elle ne se brise pás à sa cuisson, aussi s'en sert-on plus particulièrement pour les salades de préférence ou pour garniture avec sauce, comme celle que je donne dans cette recette : Faites cuire des vitelottes à l'eau de sel : les égoutter et les rafraichir, les éplucher ensuite et les couper en petites rondelles. Mettez un bon morceau de beurre dans un plat à sauter et un verre de bonne crème double, mettez-y vos pommes de terre et laissez-les quelques minutes, sautez-les un peu pour les lier, saupoudrez-les dans un peu de persil haché et servez.

Choux de Bruxelles sautés au beurre.

Faites blanchir des choux de Bruxelles comme il est indiqué pour ce légume et sautez-les au beurre et une pincée de persil haché.

Laitues farcies au Beurre.

Choisissez de belles laitues de même grosseur ; coupez-en les petites racines ; plongez-les à l'eau de sel bouillante ; retirez-les ensuite pour les plonger à l'eau fraiche, à plusieurs reprises, en les tenant par la racine. De cette manière, vous ne pouvez pas les briser, les feuilles sont plus souples et elles s'ouvrent plus aisément afin que le sable ou autres matières se détachent d'elles ; égouttez-les sur une serviette ; les ouvrir ; les farcir avec une duxelle de champignons et d'un tiers de mie de pain ; les reformer, les placer dans une casserole bien beurrée ; les couvrir également d'un papier beurré ; les faire cuire doucement, en les arrosant d'un peu de beurre. Ensuite, les servir sur croûtons frits en couronnes.

Lazagne au Gratin.

Procédez comme pour le macaroni au gratin.

Omelette aux Truffes.

Cassez des œufs bien frais dans une terrine, salez, poivrez, mettez-y une ou deux cuillerées de bonne crème, un peu de beurre en petite partie et une pincée de persil haché, fouettez vos œufs, mettez un bon morceau de beurre dans une poêle à omelette sur un bon feu. Lorsque le beurre est fondu, versez-y vos œufs en les tournant avec une cuiller ; à mesure qu'ils prennent, remuez la poêle sur elle-même afin que l'omelette se détache, placez-y au milieu un salpicon de truffes, renversez les deux côtés de l'omelette l'un sur l'autre, de manière à en enfermer les truffes, renversez votre omelette sur un plat chaud et servez.

Œufs brouillés aux Pointes d'Asperges.

Mettez un morceau de beurre dans une casserole,

cassez six œufs au plus. Salez, poivrez, ajoutez une bonne cuiller de crème double et un petit morceau de beurre ; remuez le tout sur le feu ; lorsque les œufs viennent un peu consistants, ajoutez-leur deux ou trois cuillers de pointes d'asperges blanchies d'avance, dressez et entourez les œufs de petits croûtons frits au beurre.

Œufs pochés à l'Oseille.

Pochez des œufs bien frais dans l'eau bouillante salée et acidulée, les rafraîchir, les ébarber ou parer, les mettre ensuite dans une terrine d'eau chaude ; dressez dans le milieu d'un plat une purée d'oseille bien nourrie avec de la béchamel bien beurrée et réduite, égouttez, dressez vos œufs pochés autour et servez.

Pommes de terre Anna.

Choisissez des pommes de terre de Hollande de même grosseur, épluchez-les et coupez-les en liard, prenez une petite tourtière, foncez-la d'un bon morceau de beurre. Placez-y vos pommes de terre coupées, par lit. Un lit de beurre, un lit de pommes. Assaisonnez de bon goût, couvrez la tourtière feu dessous et dessus, laissez cuire jusqu'à ce que vos pommes de terre soient d'une belle couleur et croustillantes, démoulez votre tourtière en passant une lame de couteau autour et servez.

Œufs brouillés aux Champignons.

Lavez et émincez de beaux champignons bien blancs et bien fermes, faites-les cuire avec un morceau de

beurre et le jus d'un demi-citron et sel. Beurrez grassement une casserole, cassez-y vos œufs, une bonne
cuillerée de crème, un morceau de beurre, une pincée
de sel et de poivre, tournez-les sur le feu jusqu'à ce
qu'ils soient mollets, ajoutez-y vos champignons, égouttez et servez sur un plat entouré de petits croûtons frits
au beurre.

Croûtes aux Champignons à la Duras.

Prenez des beaux champignons à farcir, nettoyez et
enlevez les queues, les assaisonner et les ranger dans
un plat à sauter beurré grassement, les pousser au
four; préparez des petits croûtons de la grandeur des
champignons, que vous coupez dans des tranches de
pain de mie grillé et beurré, placez les croûtons dans le
fond d'un plat, mettez-y une bonne lame de truffe et
dessus vos champignons, arrosez-les avec le fond et
servez dans un plat chaud et couvert.

Salade de Laitue aux Œufs.

Préparez une salade de laitue, dans laquelle vous
mettez des quartiers d'œufs cuits durs et l'assaisonner
comme les autres salades.

Omelette aux Fines Herbes.

Cassez une demi-douzaine d'œufs dans une terrine,
ajoutez-y deux bonnes cuillerées de crème, assaisonnez

de sel, poivre, un peu de persil haché et une cuillerée de Duxelle (1) faite à l'avance. (Voyez Duxelle.)

Battez le tout avec un fouet à blancs d'œufs, faites
fondre un bon morceau de beurre dans une poêle à
omelette, mettez-y vos œufs, à mesure que l'omelette
cuit remuez vivement avec une cuiller en métal, ramenez les deux côtés sur le centre et retournez-la sur un
plat et envoyez.

Timbale de Lazagnes à la Reine.

Préparez une croûte de timbale cuite et bien sèche.
Blanchissez une demi-livre de Lazagnes de Gênes à
l'eau salée, les égoutter, ensuite les mettre avec un bon
morceau de beurre dans une casserole avec un verre
de bonne crème et deux ou trois cuillerées de béchamel, assaisonnez de bon goût avec sel, poivre, muscade, etc. ; ayez aussi des truffes blanches du Piémont
que vous coupez en lames minces et que vous sautez à
la minute, les adjoindre aux Lazagnes, parsemez un peu
de parmesan en sautant vos Lazagnes, emplissez votre
timbale et servez.

(1) *Duxelle.* — La Duxelle se compose d'échalotes hachées très fines
et passées au beurre, des champignons également hachés très fins,
mêlez des champignons à l'échalote, une pincée de persil haché, sel,
poivre, réduire le tout ensemble en le mouillant avec un peu de jus
de champignon, la mettre dans un pot ou une petite terrine et la
couvrir d'un papier beurré. Placez dans un endroit frais pour vous
en servir au besoin, soit pour gratin au gras ou au maigre ou soit
pour farcir des légumes tels que champignons, laitues, tomates,
etc.

Œufs mollets aux Tomates.

Enlevez la peau de plusieurs tomates à l'eau bouillante, les couper en deux, les épépiner, les couper ensuite par petites lames comme des quartiers de mandarines, les sauter au beurre après les avoir assaisonnées de bon goût, faites cuire en même temps des œufs mollets en les plongeant dans l'eau bouillante et les laisser mijoter au coin du fourneau pendant 5 à 6 minutes, selon la quantité que vous avez mise dans l'eau ; dans tous les cas, prenez des œufs bien frais ; lorsqu'ils sont cuits, épluchez-les, les passer à l'eau, les essuyer, dressez vos tomates sautées au milieu d'un plat et vos œufs autour.

Riz à la Valenciennes.

Ciselez un oignon en petit dé ou un morceau d'oignon d'Espagne serait plus doux. Versez un demi-verre d'huile dans un sautoir sur un bon feu, mettez-y vos oignons et six onces de riz Caroline, remuez le tout avec une cuillère de bois ; lorsque le tout commence à prendre un peu de couleur, mouillez à l'eau bouillante à couvert, ajoutez 3 ou 4 cuillerées de tomates de Naples très réduites et un bon morceau de beurre, assaisonnez de bon goût, couvrez votre sautoir et laissez cuire au four sans y toucher : si parfois il était par trop sec, ajoutez-y un peu de mouillement sans le remuer ; lorsque le riz est cuit, dressez-le avec l'aide d'une fourchette en le laissant tomber en pyramide au milieu du plat.

Œufs en Cocotte.

Prenez autant de cocottes que vous avez de personnes à déjeuner et plus s'il vous est facile. Il y a plusieurs
grandeurs de cocottes, il y en a où il tiendrait 6 ou 8
œufs, ceux-là sont en terre émaillée ou en porcelaine,
ce qui est encore mieux et plus présentable.

Beurrez donc grassement vos petites cocottes, cassez-y un œuf frais dans chacune, assaisonnez de sel,
poivre et une petite cuillerée de crème bien fraiche.
Placez vos cocottes dans un plat à sauter et versez-y
de l'eau bouillante de manière que les cocottes trem-
pent aux deux tiers dans l'eau ; les laisser pocher doucement en les poussant au four. Avoir soin de ne pas
les laisser trop cuire. Lorsqu'ils sont cuits, ils doivent
être très moelleux comme un œuf poché.

Artichauts à la Crème.

Faites cuire des artichauts de même grosseur, après
les avoir nettoyés et mouchetés. Lorsqu'ils sont cuits, en
enlever le foin qui se trouve au milieu, les passer une
seconde fois à l'eau pour en enlever le reste de foin qui
pourrait y rester, les égoutter et les servir sur une serviette sens dessus dessous, les accompagner d'une saucière de sauce hollandaise à la crème.

Œufs brouillés Petit-Duc.

Prenez un litre de petits pois nouveaux, les cuire à
l'eau de sel, les rafraîchir, les passer au tamis, beurrez
cette purée, la mettre dans une poche à pâtisserie à

laquelle vous y adaptez une douille (dite à la rose); faites-en une bordure élégante sur un plat et placez vos œufs brouillés en pyramide.

Curry d'Œufs à l'Indienne.

Faites cuire durs six œufs ou plus selon le personnel que vous avez, les rafraîchir, en enlever les coquilles, et les diviser en huit morceaux. Passez ensuite un oignon d'Espagne ciselé en dé au beurre et une cuillerée de poudre de curry; lorsque l'oignon devient blond, versez-y le jus d'un coco comme pour le curry de homard. Lorsque la cuisson est réduite à moitié, versez-y vos morceaux d'œufs, laissez mijoter quelques minutes et servez accompagné d'un plat de riz cuit à l'eau.

Tomates à la Russe.

Enlever la peau de jolies tomates bien fermes et bien rouges, de même grosseur, cernez-les en dessus du côté de la queue, de manière que l'on puisse en enlever les pépins au moyen d'une petite cuiller à légume, les saler, les retourner sur une serviette pour quelques minutes afin de les égoutter de leur eau. Préparez une petite salade de légumes à la cuiller que vous assaisonnez, emplissez vos tomates de cette salade et servez.

Fèves de marais à la Béchamel.

Faites cuire à l'eau de sel un ou deux litres de fèves fraîches, les rafraîchir et en enlever la peau qui est dure

8

à manger, tenez-les ensuite au chaud avec un morceau de beurre frais, deux ou trois cuillerées de béchamel et servez.

Œufs pochés aux Nouilles.

Faites des nouilles (comme il est indiqué à l'article *nouilles*) ; coupez-les très fines, faites-les blanchir à l'eau de sel ; les égoutter, mettre un bon morceau de beurre dans une casserole et deux cuillerées de sauce béchamel ; y mettre vos nouilles : les sauter pour bien les lier, en leur ajoutant un quart de fromage de Parmesan râpé. Dressez vos nouilles dans le milieu d'un plat et placez une couronne d'œufs pochés autour.

Asperges sauce Mousseuse.

Épluchez de belles asperges que vous faites cuire comme il est indiqué. Au moment de servir, faites une bonne sauce hollandaise dans laquelle vous introduisez quelques cuillerées de crème fouettée.

Croustades d'Œufs aux Epinards.

Faites durcir autant d'œufs que vous avez de convives et plus s'il est nécessaire. Les dépouiller de leur coquille. Coupez-en les deux extrémités pour en former de petites croustades en les évidant avec un coupe-pâte à colonne, sans toutefois aller jusqu'au fond, en enlever les jaunes que vous passerez au tamis de fer en dernier lieu ; emplissez le vide de vos œufs avec une bonne purée d'épinards, replacez le dessus de vos œufs, saucez-les d'une bonne béchamel pour les napper. Passez ensuite vos jaunes d'œufs par dessus, couvrez-les d'une cloche, passez-les au four quelques minutes et servez.

Asperges à l'Huile.

Servez des asperges froides sur serviette accompagnées d'une saucière de sauce vinaigrette (ou mayonnaise, selon le goût des personnes).

Haricots verts à la Crème.

Cuisez des haricots verts à l'eau de sel. Lorsqu'ils sont cuits à point, faites un peu de beurre, maniez un verre de bonne crème, deux jaunes d'œufs, un morceau de beurre fin, roulez vos haricots dans votre liaison sans toutefois les laisser bouillir.

Cardes au blanc, sauce Hollandaise.

Prenez de belles cardes bien blanches, les laver et les couper d'égale longueur, à peu près de cinq ou six centimètres de longueur ; les faire blanchir dans de l'eau acidulée pour les empêcher de noircir, finir de les cuire dans un blanc comme pour les salsifis ; les égoutter, les dresser sur un plat et les napper avec une sauce hollandaise.

Choux de Bruxelles au Beurre.

Faites blanchir des choux de Bruxelles à l'eau de sel, les égoutter après cuisson et les sauter au beurre ensuite

Salade de Laitue aux Œufs durs.

Procédez comme pour toutes les salades vertes ;
ajoutez-y seulement des œufs durs, coupés en lames ou
en quartiers.

Topinambours à la Crème.

Epluchez et tournez des topinambours en forme
d'olive ; les blanchir et les finir de cuire avec du lait,
les lier après cuisson avec un verre de crème, deux
ou trois cuillerées de béchamel et un morceau de beurre
frais.

Aubergine au Gratin.

Choisissez des aubergines de même grosseur, les
éplucher et les évider, les saler et les retourner sur un
plat, afin d'en retirer l'eau ; mettez dans une casserole
trois ou quatre cuillers de Duxelle, deux cuillers de
béchamel, faire réduire le tout ensemble, y ajouter une
demi-poignée de mies de pain passées au tamis, bien
assaisonner, laissez refroidir, ensuite, garnissez vos
aubergines pour mettre un peu de chapelure et les
arroser de beurre fondu, les pousser au four, lorsqu'elles sont cuites et de belle couleur, dressez et
servez.

Œufs à la Saint-James.

Beurrez grassement un plat à œufs assez profond ;
cassez-y six œufs frais ou plus, selon la grandeur du
plat ; les assaisonner, les napper avec un peu de crème
double et les couvrir ensuite d'une couche de parmesan

râpé, arrosé d'un peu de beurre fondu ; les pousser au
four de manière que le parmesan soit complètement
fondu et servez bien chaud.

Œufs pochés à la Laponne.

Faites pocher des œufs frais et laissez-les à l'eau fraîche ; d'un autre côté, coupez dans un pain de mie des
tranches de pain que vous faites griller ; avec un coupe-
pâte uni coupez des morceaux un peu plus larges que
les œufs, beurrez ces petits canapés et mettez-y une couche de caviar, réchauffez vos œufs, égouttez et dressez
sur vos canapés.

Gnochis au Gratin à la Provençale.

Faites une pâte à gnochis. Pochez vos gnochis dans
l'eau bouillante de la grosseur d'un petit pain à Lamec-
que comme une grosse quenelle ; égouttez-les sur un
linge. D'une autre part, passez un oignon ciselé fin dans
une casserole avec deux ou trois cuillerées d'huile
d'olive, une bonne poignée de riz Caroline ; laissez frire
quelques minutes sans que le riz se colore. Mouillez à
couvert avec du bouillon de légume bouillant, salez,
poivrez, ajoutez-y trois bonnes cuillerées de purée de
tomates, un morceau de beurre et laissez cuire à couvert au four. Lorsque votre riz est cuit, dressez-le dans
le fond d'un plat à gratin ; placez-y vos gnochis, nappez-les avec une béchamel légère dans laquelle vous y
aurez introduit de la purée de tomates. Couvrez ensuite
de parmesan râpé, arrosez de beurre fondu et un peu

8.

d'huile, poussez-les au four. Lorsqu'ils sont bien mon-
tés et colorés, servez le plat sur serviette.

Caisses d'Œufs au Gratin.

Faites durcir une demie douzaine d'œufs ; lorsqu'ils
sont froids, coupez-les en petits dés et autant de champignons blancs et cuits. Mêlez le tout ensemble, mettez
dans une casserole quelques cuillers de béchamel, avec
un demi-verre de crème, un morceau de beurre et une
pincée de muscade râpée et faites réduire cette sauce de
moitié. Mêlez-y vos œufs coupés ainsi que les champignons, emplissez des petites caisses en papier ou en
porcelaine, saupoudrez d'un peu de chapelure et un
petit morceau de beurre dessus, rangez vos petites caisses sur un plafond d'office et poussez-les au four. Lorsqu'elles sont de belle couleur ou tout au moins bouil-
lantes, servez-les sur une serviette.

Choux-Fleurs frits.

Faire cuire un ou deux choux-fleurs, l'égoutter sur un
linge, le diviser ensuite par parties égales, assaisonner,
tremper les morceaux dans la pâte à frire, les plonger
dans la friture chaude, les servir en buisson sur serviette, accompagnés d'un bouquet de persil frit.

Omelette aux Huîtres.

Faites blanchir une ou deux douzaines d'huîtres, les
égoutter, en enlever ce qui est dur et ne conserver que

les noix, les couper en deux ou trois parties selon leur grosseur, les égoutter sur un linge, les mêler ensuite à une cuiller de sauce béchamel réduite avec un peu de cuisson des huîtres, faire une omelette, y mettre vos huîtres dans le milieu, recouvrir votre omelette et servez.

Asperges froides sauce Mayonnaise.

Les dresser sur serviette, suivies d'une saucière de sauce mayonnaise.

CINQUIÈME PARTIE

ENTREMETS SUCRÉS

—

Pommes meringuées à la Turque.

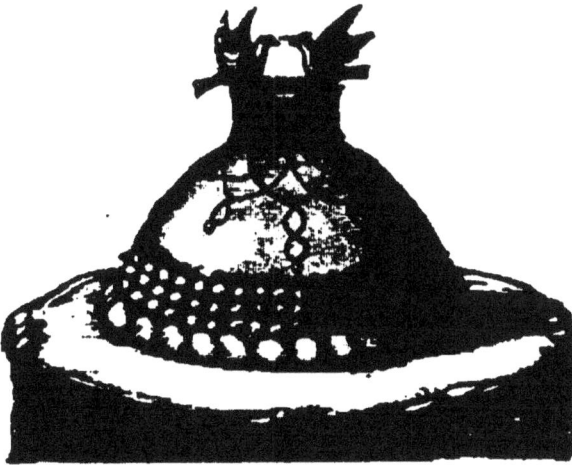

Faites cuire de belles pommes de rainettes en les coupant par moitié dans un plat à sauter grassement beurré, y joindre une poignée de sucre en poudre et un peu de zeste de citron râpé ; les faire partir sur le fourneau, ensuite, les finir de cuire au four, en ayant soin, toutefois, qu'elles ne soient pas trop cuites, et les arroser de temps en temps avec le beurre de leur cuisson, ensuite, les laisser refroidir.

Ayez une crème de riz pâtissière à la vanille, où vous aurez mêlé quelques tafias (massepains) écrasés dans votre crème, qui doit servir de dessous de vos pommes ; rangez vos pommes en pyramide et meringuez vos pommes, et les décorer, soit avec un cornet en papier ou avec une petite poche à meringue. Lorsque votre décor est terminé, glacez-les avec un peu de sucre et passez-les au four, jusqu'à ce que la meringue soit sèche et d'une couleur blonde.

Mousse aux Amandes pralinées.

Faites cuire du sucre au cassé ; ayez des amandes sans être émondées et tenues au chaud. Lorsque votre sucre est au cassé, jetez vos amandes dedans ; votre sucre commence à tourner, laissez-le faire et tournez vos amandes jusqu'à ce qu'elles soient cuites intérieurement ; votre sucre redevient lisse et prend une belle couleur caramel blond ; graissez légèrement un plafond ou sur le marbre et vous versez vos amandes pour les faire refroidir ; d'un autre côté, vous préparez une anglaise très serrée comme pour une mousse à la vanille ; pilez vos amandes très fines ; lorsque votre appareil d'anglaise est froid, mêlez-y les amandes pilées et passez le tout à l'étamine ; lui adjoindre le double de crème fouettée ; mettre cette mousse en moule (moule-bombe est préférable) ; les sangler à la

glace pilée et salée ; il s'agit de prendre bien des précautions pour le sanglage, de bien fermer les moules
et de mettre contre les parois des moules soit un peu
de beurre ou de saindoux, pour empêcher l'eau de
glace salée d'entrer dans les moules, ce qui rendrait
la glace salée.

Diplomate au Maraschino.

Ayez de beaux biscuits à la cuillère, que vous faites
macérer dans du maraschino. Faites une Anglaise un
peu collée, comme pour *un bavarois*; huilez un ou deux
moules avec de l'huile d'amandes et retournez-le sens
dessus dessous, pour qu'il n'y reste pas d'huile :
lorsque votre appareil est prêt et que vous y avez
ajouté de la crème fouettée, mettez un lit de cet appareil au fond de votre moule, puis vous mettez une couche de biscuits que vous avez mis avec le maraschino ;
mettez sur ces biscuits une petite couche de marmelade
d'abricots, ensuite une couche d'appareil, après, une
couche de biscuits, dessus, une couche de marmelade,
et vous finissez d'emplir le moule avec de l'appareil et
le mettez à la glace pilée, sans sel. Laissez dans la
glace une heure et demie. Prenez un peu de sirop de
sucre dans un bain-marie, que vous mêlerez avec du
maraschino, mettez-y, avec, des cerises au sirop et à
la glace ; lorsque vous démoulerez votre diplomate,
vous verserez le sirop au maraschino et les cerises
autour ; l'essentiel, c'est que le tout doit être glacé.

Riz à l'Impérial.

Faites blanchir du riz Caroline ; au premier bouil-

lon, égouttez et couvrez-le entiérement de lait, une
gousse de vanille et quelques morceaux de sucre, très
peu. Lorsqu'il est cuit à point, sans être brisé, faites
une Anglaise un peu collée, introduisez votre riz à
moitié, ensuite l'alléger avec de la crème double fouettée. Mettez le tout dans un moule à bordure ou à savarin légèrement huilé ; laissez-le prendre comme un
savarin à la glace, ensuite démoulez sur un plat. Mettez une garniture de fruits dans le milieu, selon la saison, en été soit des cerises passées au sirop ou des
fraises à la crème, ou de la macédoine glacée ; en
hiver, compote de pommes, poires escalopées, ananas,
pêches, etc., etc.

Pudding Mousseline au Citron.

Proportion pour deux petits moules : une cuillère de
sucre gros comme une noix de beurre, cinq jaunes
d'œufs et un zeste de citron. Manière de procéder :
Mettez le tout dans une casserole et prenez cela comme
une hollandaise. Passez l'appareil à la mousseline, y
ajouter deux jaunes d'œufs crus et cinq blancs d'œufs
fouettés, mettre l'appareil dans des moules à cylindre
unis et beurrés, les cuire au bain-marie à l'eau bouillante ; retirer ensuite la casserole sur le coin pour en
empêcher l'ébullition, la couvrir de son couvercle
chargé de feu, laisser cuire vingt minutes, le démouler
et le saucer avec un sabayon ou une purée de fraise
suivant la saison.

Sabayon pour Pudding.

Mettez dans une casserole quatre jaunes d'œufs et

un œuf entier, cent vingt-cinq grammes de sucre en poudre ainsi qu'un jus de citron, fouettez cet appareil sur un feu très doux ou au bain-marie jusqu'à ce qu'il soit bien mousseux comme pour en faire une gênoise à chaud. Versez votre sabayon autour de votre pudding lorsqu'il est démoulé sur plat, et servez.

Mousse de Violette voilée à la Suzon.

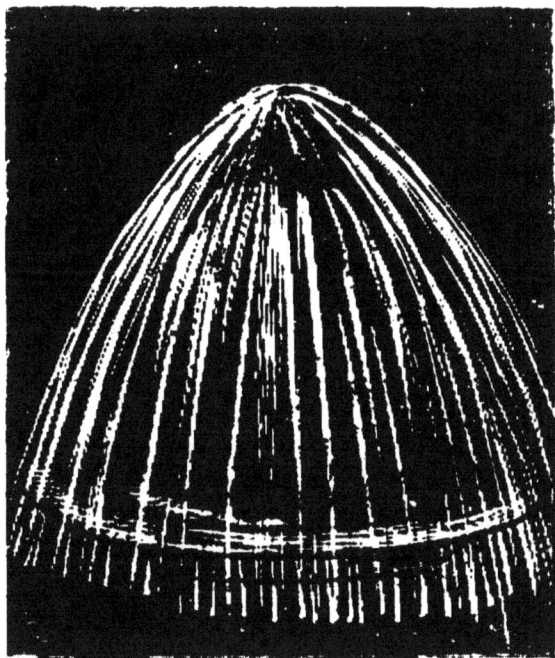

Ayez une demi-livre de fleurs de violette pralinée de Nice d'un bon goût; les piler et les passer au tamis

fin ; mêlez le tout à une Anglaise peu sucrée et peu
mouillée, comme pour une mousse, car, comme il faut
y ajouter de la crème fouettée, l'appareil doit être assez
ferme ; trois heures avant de servir, moulez dans un
moule à bombe et sanglez fortement, en ayant soin de
mettre un peu de beurre ou de graisse aux parois du
moule, pour que l'eau n'entre dans la mousse. Au
moment de servir, mettez dessus votre mousse un
petit bouquet de fleurs de violette que vous aurez conservé : vous préparerez un peu de sucre filé, bien blanc,
pour couvrir votre mousse au moment de partir.

Pudding de Semoule aux Abricots.

Faites cuire de la semoule dans du lait avec un morceau de beurre et une gousse de vanille. Ayez un
moule à Charlotte, pas très haut ; beurrez-le. Lorsque
votre semoule est cuite, retirez-en la vanille, sucrez-la
en y ajoutant trois œufs battus, en remuant votre appareil ; emplissez votre moule et pochez-le au bain-marie,
à l'eau bouillante et au four, ou sans cela, avec du feu
sur le couvercle de la casserole ; d'un autre côté, ayez
une bonne compote d'abricot au chaud que vous dres-
serez en buisson sur votre pudding et une couronne au
pied ; lorsqu'il sera démoulé, envoyez également une
saucière de sauce abricot à part.

Croûtes de Pêches à la Saint-Maurice.

Prenez une brioche mousseline cuite dans un moule
à Charlotte. Lorsqu'elle est froide, formez-en des
croûtons un peu plus grands que la moitié d'une pêche.

Mettez-les sur un plafond d'office et saupoudrez-les de sucre fin. Mettez-les au four à glacer, des deux côtés : conservez-les au sec ; faites pocher des moitiés de pêches dans un sirop léger après en avoir enlevé la peau. Lorsque vos pêches sont atteintes, ayez une bonne sauce abricot et au kirsch. Mettez-les dedans jusqu'au moment de les servir ; ayez d'un autre côté une bordure de riz sucré ; démoulez sur un plat, dressez vos croûtons et vos pêches, en alternant chaque pêche avec un croûton ; saucez ensuite et envoyez une saucière de sauce en même temps.

Gelée de Mandarine à l'Égyptienne.

Faites une gelée avec quelques oranges et citrons et un peu de zeste de mandarine. Chemisez un moule à dôme de gelée en l'entourant de glace ; montez-y des quartiers de mandarines pour en former les côtes lorsque le moule est garni à peu près à moitié, ce qui

doit former un puits ; ayez un appareil à bavarois dans
lequel vous y ajouterez quelques cuillères de riz cuit et
sucré ainsi qu'un salpicon de fruit au kirsch. Finissez
de remplir votre moule avec un appareil et laissez-le
sur glace jusqu'au moment de servir. Faites de petites
corbeilles avec les écorces de mandarines que vous
remplissez de gelée ainsi qu'une entière, que vous
emplissez également ; laissez-les bien prendre sur
glace. Démoulez votre gelée sur un plat, entourez-la de
vos petites corbeilles et placez votre mandarine entière
et découpée à jour sur le sommet, se reposant sur une
autre moitié renversée, tel que le dessin.

Pêches à l'Andalouse.

Pochez des pêches séparées en deux et épluchez-les
dans un sirop léger et vanillé ; lorsque vos pêches sont
pochées, égouttez-les et laissez-les refroidir ; faites,
d'un autre côté, une anglaise à la vanille, un peu collée, dans laquelle vous y aurez introduit de la crème
fouettée et quelques cuillerées de riz cuit et sucré, et
moulez dans un moule à bordure que vous tenez sur la
glace ; au moment de servir, démoulez votre bordure
sur un plat, dressez-y vos pêches, emplir le puits avec
de la crème fouettée vanillée. Nappez vos pêches avec
un peu de gelée rose mi-prise avec une cuillère ou un
pinceau et servez.

Gâteau plombière à la Pompadour.

Faites de la génoise à chaud que vous mettez cuire
sur deux plafonds d'office, assez grands pour les

détailler en rond, afin de les superposer les uns sur les autres de manière à en former un gâteau tel que le dessin, seulement en ayant soin de les vider pour en former une timbale ; le premier doit être plein, pour servir de fond, le dernier doit être également plein pour servir de couvercle : coller toutes les couronnes avec

de l'abricot pour monter le gâteau, ensuite le glacer au fondant rose et décorer à la glace royale. Lorsqu'il est terminé, passez la lame de votre couteau au-dessous du couvercle, l'enlever et garnir votre gâteau, au moment, d'une plombière de fraise ou tout autre glace, selon la saison. Garnissez également le pied de votre gâteau d'une couronne de gaufres en cornet garnie de crème pistachée, recouvrez le gâteau et servez.

Gâteau Montmorency au Kirsch.

Beurrez un moule à pain de gibier et chemisez-le
d'amandes hachées ; l'emplir à moitié avec de la pâte
à savarin, le laisser revenir dans un endroit tiède ;
lorsqu'il est à la hauteur du moule, poussez-le au four
de manière qu'il cuise doucement, préparez un sirop et
énoyautez des belles cerises que vous cuisez au sirop.
Lorsque votre gâteau est cuit, démoulez-le, siropez-le
avec du sirop au kirsch et mettre dans le puits les cerises que vous avez préparées, et liez le sirop avec quelques cuillerées d'abricots passées à l'étamine ; nappez
votre gâteau et envoyez une saucière de sauce à part.

Melon en Surprise.

Faites un biscuit fin et le cuire dans un moule à
melon en fer-blanc, le laisser refroidir, en vider le tiers
intérieurement et le laisser sécher un peu : préparez
des pêches en sirop, ainsi que des abricots, que vous
coupez par quartiers ; faites une crème pâtissière à la
farine de riz vanillée et bien sucrée, comme pour les
Saint-Honoré. Lorsqu'elle est chaude, incorporez-lui
quelques blancs fouettés, emplissez le vide de votre
biscuit, en alternant vos fruits. Lorsque votre melon
est plein, renversez-le sur un plat et nappez-le d'un bon
sabayon à la vanille.

Bombe à l'Orientale.

Faites un appareil de glace ainsi composé : une demi-livre de gingembre au sirop, pilé et passé au tamis fin : le jus de trois ou quatre citrons et un peu de sirop ; une pinte de crème double fouettée comme pour une mousse ; choisir un moule à bombe, l'emplir et le mettre dans la glace salée deux heures environ, le démouler au moment de servir et l'entourer de quartiers de petits citrons confits (comme le dessin ci-contre).

Mousse de Pêches glacée au Kirsch.

Faites une purée de pêches, sucrez avec du sucre en poudre et un verre de kirsch ; laissez fondre le sucre ; deux heures avant de servir, mêlez-y la crème fouet-tée ; emplissez un moule à bombe et sanglez à la glace pilée et au sel. Au moment de servir, démoulez sur serviette et envoyez une ou deux assiettes de petits gâteaux.

Charlotte de Pommes à l'Abricot.

Prenez des belles pommes de rainette, épluchez-les, ensuite mettez un bon morceau de beurre étalé dans un plat à sauter, coupez vos pommes en lames très minces, emplissez votre plat à sauter, sucrez-les avec une poignée de sucre en poudre et un peu de zeste de citron, cuisez-les doucement au four sans les brûler ; d'un autre côté, prenez un moule à Charlotte, que vous foncez comme il suit : prenez un pain de mie, coupez dedans des tranches très minces de la largeur de deux centimètres et de la hauteur du moule à Charlotte ; commencez par faire le fond du moule en coupant vos petits morceaux ronds et allongés en pointe vers le milieu du moule, de manière à en former une rosace, en ayant soin de tremper chaque morceau dans du beurre fondu ; lorsque le fond est garni, dressez les autres en hauteur, en ayant soin de les mettre un peu à cheval les uns contre les autres, en les appuyant contre les parois du moule ; lorsque votre moule est monté, emplissez-le avec vos pommes, en ayant soin d'y mettre un peu de marmelade d'abricot dans le milieu. Couvrez votre moule également avec quelques tranches de pain de mie et poussez-le au four ; lorsque la Charlotte est cuite et que le pain est d'une belle couleur, démoulez sur un plat, glacez-la à blanc et servez ; l'on peut aussi envoyer une saucière de sauce abricot en même temps, selon les goûts.

Pudding Conquérant.

Beurrez un moule à dôme, emplissez-le à moitié de pâte à savarin, laissez revenir la pâte et le cuire ensuite. Lorsqu'il est assez froid, pour pouvoir le couper en tranches minces horizontalement, beurrez ce même moule, placez-y vos tranches de savarin et quelques fruits secs macérés dans un peu de maraschino. Montez ainsi votre moule, cassez trois œufs entiers que vous fouettez avec un quart de sucre en poudre et un peu de lait. Versez le tout dans votre moule, de manière que le savarin soit bien imbibé et que votre salpicon de fruits soit bien entre chaque tranches. Faites-le pocher au bain-marie. Pendant sa cuisson, faites un peu de meringues pour le décorer

9.

aussitôt sorti du moule et passez-le quelques minutes au four pour cuire la meringue, et envoyez avec une saucière de sauce abricot au maraschino.

Flan de Pommes à la Portugaise.

Foncez un moule à flan ; garnissez-le de marmelade de pommes aux deux tiers ; lorsqu'il est cuit, laissez-le refroidir. D'une part, ayez de belles pommes de Calville : coupez-les en deux et les parer comme pour une compote ; faites-les cuire au sirop léger. Lorsqu'ils sont cuits, égouttez-les et placez-les sur votre flan, symétriquement, en mettant la plus belle au milieu ; décorez-les avec des fruits confits ou au sirop, comme cerises, prunes de Reine-Claude, oranges, etc. Avec le jus de vos pommes, faites une gelée de pomme, un peu serrée, que vous versez sur un rond de papier de la grandeur de votre flan. Lorsque votre gelée est froide, renversez votre rond de papier sur votre flan, du côté où est la gelée ; mouillez légèrement le papier par-déssus, afin qu'il se décolle de la gelée. Enlevez le papier et servez.

Avec la gelée de pomme, l'on peut en faire de plusieurs couleurs. En y ajoutant les couleurs liquides de Breton, cela sert à décorer beaucoup d'entremets.

Mousse aux Pistaches.

Émondez des pistaches assez pour un moule, pilez-les avec un peu de sucre et quelques gouttes de lait de manière à ce qu'elles puissent passer sur tamis ; d'un

autre côté, faites une bonne anglaise un peu serrée ;
lorsqu'elle est froide, mêlez-y vos pistaches, passez,
terminez avec de la crème, fouettez, emplir un moule à
dôme comme le dessin, le couvrir hermétiquement

avec son couvercle, le sangler dans la glace pilée et
salée ; au moment de servir, le démouler sur un plat ;
parsemez dessus quelques pistaches hachées et pralinées d'avance, garnissez le pied de petits gâteaux de
feuilletage à blanc ainsi que sur le sommet en en formant une couronne.

Pommes au Riz.

Choisissez de belles pommes de rainette, les éplucher, les vider avec un vide-pomme, les placer dans un
plat à sauter beurré, avec un peu d'eau ainsi qu'un peu

de sucre en poudre ; les pousser au four ; pendant leur cuisson, avoir soin de les arroser avec le beurre et le sirop de pommes. Faites cuire du riz à part dans du lait ; lorsqu'il est cuit, sucrez-le, dressez votre riz dans le fond d'un plat d'entremets, dressez-y vos pommes en garnissant l'intérieur de chacune, de gelée de groseilles ou de marmelade d'abricots.

Gâteau Génois garni de Crème.

Faites un moule de gênoise fine dans laquelle vous introduisez deux ou trois onces d'amandes hachées fines ; après cuisson, laissez-le refroidir, faites-y une entaille circulaire afin d'y faire un puits aux deux tiers de sa hauteur ; préparez un salpicon de fruit que vous faites macérer dans du kirsch et un peu de sirop ; fouettez de la crème double ; mêlez-y vos fruits ; glacez à l'avance votre gâteau, soit à l'orange ou tout autre goût, celui que vous préférez ; garnissez votre gâteau comme le dessin le marque ; décorez sa base avec des quartiers d'orange glacés et des cerises angéliques, et servez.

Pudding Mousseline à l'Orange.

Mettez, dans une casserole moyenne, gros comme une noix de beurre, deux cuillerées de sucre en poudre et un peu de zeste d'orange râpé, cinq jaunes d'œuf, tournez le tout soit au bain-marie ou sur le coin du fourneau comme une hollandaise. Lorsque l'appareil est assez consistant, passez-le à l'étamine ou à la mousseline, ajoutez à cela trois jaunes d'œuf crus et cinq blancs fouettés. Mettre l'appareil dans un moule à cylindre beurré. Le cuire au bain-marie à l'eau bouillante, retirer ensuite la casserole sur le coin pour en empêcher l'ébullition, la couvrir de son couvercle chargé de feu, laisser cuire vingt minutes, le démouler et le saucer avec une purée d'oranges au sabayon.

Sabayon à l'Orange.

Mettez dans une casserole quatre jaunes d'œuf et un œuf entier, 125 grammes de sucre en poudre, un zeste d'orange râpé et le jus d'une orange, fouettez cet appareil sur un feu doux ou au bain-marie jusqu'à ce qu'il soit bien mousseux. Versez votre sabayon autour de votre pudding lorsqu'il est démoulé sur plat et servez.

Timbale de Poires à l'Abricot.

Ayez une timbale de brioche que vous videz aux trois quarts ; glacez-la extérieurement à l'abricot chaud, et décorez-la soit au feuilletage blanc ou à la glace royale, selon le goût de la personne ; prenez des poires dites de Martin-Sec, coupez-les en quatre sur leur longueur et tournez-les en gousse d'ail ; faites-les cuire dans un poêlon d'office ou une casserole avec de l'eau, quelques morceaux de sucre et une gousse de vanille, de manière à en former un sirop très léger ; faites-les cuire à petit feu ; l'on peut y ajouter aussi une cuillerée de sirop de groseille ou une goutte de carmin pour leur donner une couleur plus vive d'un rouge cerise. Lorsque vos poires sont cuites, liez le sirop avec quelques cuillerées d'abricot passé au tamis fin d'avance, emplissez votre timbale décorée et servez.

Croûtes aux Pêches à la Ninon.

Faites cuire du riz au lait avec une gousse de vanille : lorsqu'il est cuit, mettez-y un morceau de beurre, du sucre et un œuf battu ; beurrez un moule à bordure, l'emplir de votre riz et le faire pocher au bain-marie et au four.

D'un autre côté, ayez des pêches que vous séparez en deux, épluchez-les et faites-les pocher dans un sirop léger et vanillé, faites des croûtons de la même grandeur que vos moitiés de pêches, soit avec de la brioche ou du pain de mie que vous passez au four en les glaçant avec du sucre des deux côtés ; démoulez votre bordure de riz sur un plat, placez-y vos croûtons et vos pêches à cheval en alternant un croûton entre chaque moitié de pêche ; saucez dessus avec une sauce abricot au kirsch et envoyez bien chaud.

Reinettes en Robe de chambre.

Pelez des belles pommes de reinettes, enlevez les

pépins avec un vide-pomme, de manière à en former un puits; ayez des rognures de pâtes à feuilletage que vous étendez sur le tour; coupez-en les ronds assez larges, de manière que chaque abaisse puisse envelopper chaque pomme; placez la pomme sur l'abaisse; introduisez dans le puits un peu de sucre en poudre et un petit morceau de beurre; mouillez le tour de l'abaisse et couvrez chaque pomme en relevant les côtés de la pâte sur les dessus; placez-y encore une petite abaisse; cannelez le feuilletage sur le dessus : les dorer et les cuire au four; les glacer à chaud au dernier moment et les servir sur serviette.

Gâteau Léonie Godet.

Beurrez et farinez un moule à manqué.

Préparez un appareil à génoise à chaud, emplissez votre moule et le cuire selon les règles. Lorsqu'il est cuit, le faire refroidir, le couper en quatre tranches sur son épaisseur, préparez une crème d'amandes très fine que vous mettez sur chaque tranche, reformez votre gâteau, le glacer dessus seulement, soit au fondant, au café ou autre goût, passez ensuite avec un pinceau de l'abricot bien chaud autour du gâteau et le sabler avec des amandes hachées et grillées, faites un petit décor au cornet sur les bords et au milieu, mettez : Léonie Godet.

Compote de Pêches.

Choisissez une douzaine de belles pêches, les éplucher en les plongeant à l'eau bouillante, en enlever la peau, les couper par moitié et les faire pocher dans un sirop léger et vanillé, les laisser refroidir et les servir dans un compotier avec un peu de sirop. Faites accompagner la compote d'une assiette de petits gâteaux assortis.

Brioche à la Polonaise.

Beurrez un moule à timbale, emplissez-le aux deux tiers de sa hauteur de pâte à brioche, laissez-la revenir dans un endroit tiède, comme pour une brioche mousseline, la cuire lorsqu'elle est assez revenue ; en sortant du four, arrosez-la d'une Polonaise (beurre noisette et mie de pain), accompagnez-la d'une sauce abricot, ainsi qu'une compote de poires dites Martin-Sec.

Richelieu aux Fruits.

Beurrez et farinez deux moules à manqué, l'un plus petit que l'autre, de manière à en former une pyramide. Mettez dans un bassin 300 grammes de sucre vanillé et huit œufs entiers, les fouetter sur un feu doux comme pour la Génoise à chaud ; lorsque l'appareil devient bien mousseux et léger, incorporez-lui 250 grammes de farine séchée à l'étuve et 200 grammes de beurre fondu en dernier lieu, emplissez vos moules et cuisez à four doux comme pour les biscuits, laissez-les refroidir lorsqu'ils sont cuits.

Coupez-les par moitié, abricotez chaque tranche, les reformer en les superposant les uns sur les autres, le plus grand dessous, le plus petit dessus. Abricotez-les autour avec un pinceau, glacez votre gâteau au fondant, soit à l'orange ou tout autre goût ; décorez-le ensuite avec des fruits confits autour et dessus. En former une jolie corbeille ou un panier entouré d'une petite guirlande d'angélique et de cerises.

Fraises à la Crème.

Choisissez des fraises bien fraiches et bien mûres, les éplucher, les placer dans un compotier ou un saladier. Mettre un lit de fraises, un lit de crème fouettée et sucrée à la vanille, un lit de fraises et ainsi de suite jusqu'à ce que votre compotier soit rempli, placez-le à la glace quelques minutes et servez. Il faut toujours accompagner les fraises de petits gâteaux.

Pudding de Cabinet à la Manon.

Beurrez un moule timbale, y mettre un rond de papier dans le fond également beurré, faites un joli décor avec des fruits confits que vous aurez passés à l'eau tiède et essuyés ensuite, tels que angélique, cerises, oranges, prunes, etc., selon le goût de la personne ; placez sur ce décor un rond de biscuit de la même grandeur du fond de la timbale pour empêcher le décor de se déranger. D'une autre part, émiettez deux douzaines de biscuits à la cuiller et quelques petits ratafias ou macarons, mettez le tout avec quatre œufs entiers et deux jaunes dans une terrine et 125 gr. de sucre, vanillez, travaillez cet appareil avec une cuiller, mouillez avec moitié crème et du lait ainsi que deux cuillerées de riz cuit à la vanille sans être brisé, emplissez

votre moule, le faire pocher à l'eau bouillante au bain-
marie et au four ; lorsqu'il est cuit. démoulez-le sur un
plat et servez autour une purée de fraises au sirop.

Il serait bon que chaque déjeuner soit terminé par
une compote de fruits, selon la saison, ainsi qu'une
assiette de petits gâteaux.

Chartreuse de Fraise.

Faites de la gelée au citron ou à l'orange, comme il
est indiqué article Gelée. Mettez un moule à pain dans
de la glace pilée ; lorsque votre gelée commence à se
congeler, chemisez votre moule et placez des demi-
fraises par rang. Un rang du côté ordinaire de la fraise
et un rang du côté coupé. de manière, en alternant,
vous aurez une colonne rouge et une colonne blanc-
rose ; lorsque votre moule est complétement plein.
laissez-le dans la glace jusqu'au moment du service :
on le démoule à l'eau chaude, le mettre sur un plat et
emplir le puits avec de la crème fouettée et vanillée.
faites un petit décor au cornet sur la pyramide de la
crème et envoyez en même temps des petits gâteaux.

Timbale de Cerises à la Montmorency.

Cuisez une brioche mousseline dans un moule à
Charlotte et laissez-la refroidir après cuisson et videz-
la pour en former une timbale. D'un autre côté, énoyautez deux ou trois livres de belles cerises sans les
déformer, cuisez les dans une bassine avec du sucre en
poudre, à grand feu en les sautant. Lorsque vous

voyez que les cerises sont assez atteintes, les égoutter de leur sirop, mélangez au sirop deux ou trois cuillerées de marmelade d'abricot et un verre de kirsch, le faire réduire un peu, remettre vos cerises et le placer dans un poêlon jusqu'au moment d'emplir votre timbale. Ayez soin qu'il se trouve assez de sirop pour que la timbale soit bien imbibée.

Cussy glacé au Kirsch.

Lorsque j'étais chez MM. Julien, de la Bourse, j'ai retenu la recette, car ce sont eux qui l'ont inventée pour leur intime ami Bourbonneux, ainsi que le Gorenflot, et c'est justement ce gâteau qui a fait la réputation de la maison Bourbonneux qui, à cette époque, commençait à péricliter.

Voici la proportion : 16 œufs, 600 grammes de sucre en poudre, 300 grammes de farine, 50 grammes de fécule, 250 grammes d'amandes pilées avec une cuillerée de marmelade d'abricot et 2 œufs et passée au tamis, 250 grammes de beurre fondu, vanille et zeste de citron râpé.

Fouettez les œufs et le sucre dans un bassin sur un feu doux comme pour la génoise. Travaillez d'une autre part les amandes, la marmelade et les deux œufs séparément ainsi que le beurre et un peu de votre appareil ; lorsque les deux appareils sont assez fouettés, mêlez-les ensemble et emplissez aux deux tiers des moules à flanc foncés de papier beurré et fariné. Les cuire à four doux ; lorsqu'ils sont bien cuits, laissez-les refroidir sur une grille, faites un fond en pâte sèche pour soutenir votre gàteau ; lorsque vous serez pour le monter, passez un peu de marmelade d'abricot entre chaque couche pour les coller à mesure que vous les superposez les uns sur les autres. Lorsqu'il est monté, abricotez-le, glacez-le avec du fondant léger au kirsch, décorez-le avec des cerises demi-sucre sur sa couronne, et au pied mettez des cerises ou fraises glacées au sucre au cassé.

Macédoine de Fruits glacés.

Zestez une orange ou deux ainsi qu'un citron que vous mettez dans un peu de sirop tiède pour en avoir le parfum, ainsi qu'une gousse de vanille ; pelez les fruits de saison, tels que pêches, bruniaux, abricots, un peu d'ananas, cerises énoyautées, fraises, raisins blancs et noirs et quelques petites groseilles blanches et rouges, framboises et oranges, tous fruits que vous pouvez avoir.

Les couper par quartier comme des petits quartiers d'orange. Mettez le tout dans une sorbettière, passez un peu de sirop froid dessus, une demi-bouteille de Champagne et le sirop, passez des zestes que vous avez apprêtés, laissez une heure à la glace sans sel et servez dans un saladier accompagné de petits gàteaux.

Glace au Café Vierge.

Faites brûler du café dans un poêlon d'office et le faire infuser dans du lait bouillant. Pour le reste, procéder comme pour les anglaises. (Voyez anglaise pour glace.)

Bombe glacée aux Fruits.

Chemisez un moule à bombe d'un appareil de glace à la vanille, et à l'intérieur d'une glace à l'abricot ou autre, selon le goût. Lorsque votre bombe est démoulée, garnissez le pied d'une petite macédoine de fruits également à la glace et au kirsch, ainsi qu'une assiette de petits gâteaux.

Timbale de Pêches Marie-Louise.

Faites une plaque de pâte à génoise à 16 œufs. Lorsque votre génoise est cuite et refroidie, coupez-en des ronds de 9 à 10 centimètres de diamètre, les évider, les monter les uns sur les autres en les collant avec de la marmelade d'abricot, ensuite meringuez la timbale et la décorer au goût de la personne. Cuisez au sirop léger des moitiés de pêches épluchées, assez pour garnir le pied de votre timbale ; d'un autre côté, passez au tamis des pêches cuites au sirop, faites réduire cette purée dans une casserole, au moment de servir, mettez à plein feu et incorporez 6 blancs d'œufs à votre purée, emplissez votre timbale de ce soufflé et dressez vos pêches au pied. Arroser d'un peu de sirop au kirsch, envoyer à part une saucière de sauce abricot au kirsch.

Charlotte Cécillia.

Glacez au fondant des carrés de Génoise de deux goûts et de deux couleurs : foncez un moule à Charlotte d'un rond de papier et une bande également à l'intérieur, sur sa hauteur ; par le moyen d'un cornet de glace à décorer, soudez vos petits carrés en les montant de manière qu'ils soient placés en damier ; faites un petit fond de pâte d'office un peu plus large que le moule ; lorsque votre moule est monté et qu'il est assez sec pour le démouler, mettez-le sur le fond avec votre cornet, faites un petit décor au pied afin d'assujettir votre Charlotte ; emplissez-la d'une bonne glace aux amandes pralinées et servez.

Mousseline à l'Orange.

Proportion : une livre de sucre, 14 jaunes, le jus d'un demi-citron et le zeste râpé d'une orange ainsi que son jus, 10 onces de farine, 14 blancs fouettés. Mettez une livre de sucre dans une terrine avec 14 jaunes et le zeste râpé d'une orange, battez le tout ensemble jusqu'à ce que la pâte devienne blanche et légère, ajoutez le jus d'un demi-citron, battez encore un peu de temps, mettez encore le jus d'une orange et une ou deux gouttes de carmin, afin que la pâte prenne un léger ton de couleur rose, mêlez ensuite votre farine et 14 blancs fouettés. Cuisez cet appareil dans des moules à manqué beurrés et farinés, poussez au four pas par trop chaud ; lorsqu'ils sont cuits, démoulez-les sur une grille et laissez refroidir pour les glacer au fondant à l'orange, décorez avec des écorces d'oranges confites en petits carrés.

Ce gâteau est très léger et peut accompagner soit une glace à l'orange ou une gelée, etc., etc.

Envoyez une compote de fruits ainsi que des petits gâteaux.

Gâteau Bradada aux Amandes.

Mettez dans une terrine une demi-livre de sucre, six onces d'amandes passées au tamis et six jaunes, battez le tout avec un fouet ou une cuillère de bois ; comme goût, mettez du sucre vanillé : lorsque la pâte est à peu près grise, fouettez six blancs, mêlez à la pâte un quart de farine tamisée, ainsi que vos blancs pris, beurrez un moule dit à manqué-fariné, le remplir de votre appareil et le cuire au four doux ; lorsqu'il est cuit, le laisser refroidir, le glacer au chocolat et le décorer à la glace royale.

Envoyez en même temps une compote de fruits, ainsi que des petits gâteaux.

Timbale de Marrons à la Nianza.

Émondez de beaux marrons à l'eau bouillante, de manière qu'ils soient nets de leur peau, les cuire dans du lait, un peu de sucre et une ou deux gousses de vanille ; lorsque vos marrons sont cuits, les passer au tamis après les avoir égouttés, faites avec la cuisson une anglaise un peu collée, mêlez-y votre purée, ensuite coupez une bande de papier de la hauteur d'un moule à charlotte, huilez légèrement cette bande de papier que vous placez sur plaque d'office, étalez votre purée de marrons dessus bien égale, à peu près d'un centimètre d'épaisseur partout, laissez refroidir sur glace, ayez à part soit un fond en génoise ou en pâte d'office ; lorsque votre appareil est froid et qu'il a de la consistance, enlevez votre bande de papier sur laquelle est votre timbale, rapprochez-en les deux extrémités pour les relier et en former une timbale, soudez les deux côtés se joignant, enlever le papier et emplir la timbale de crème fouettée glacée à la vanille ; vous pouvez servir des marrons glacés autour de la timbale.

Servez aussi une compote de fruits et des petits gâteaux.

Les petits Sabots de Noël en Surprise.

Faites, avec de la pâte à gaufre aux amandes, des petits sabots comme se font les petits cornets à la crème. Laissez-les dans un endroit bien sec, ayez ensuite un gâteau de Génoise assez large et glacé au fondant. Ce gâteau doit servir de base, comme l'indique le dessin.

Foncez ensuite un moule à dôme avec une pâte sèche, de manière à en former une cloche, que vous glacez également et décorez selon votre goût, soit avec des fruits confits ou à la glace royale. Montez sur votre Génoise une pyramide de petits bonbons de plusieurs couleurs et variés. Recouvrez le tout avec la cloche, placez-y les petits sabots garnis de petites dragées de couleur en les collant avec un peu de glace royale, y mettre également un peu de verdure, soit du gui et des petites feuilles de houx.

10

Il faut envoyer ce gâteau pour le thé ou le goûter des enfants ; celui qui doit les servir coupe le dôme en plusieurs parties et laisse entrevoir l'intérieur. La surprise des enfants est extrême.

Gâteau Cardinal Perraud.

Faites de la génoise à chaud que vous mettez cuire sur deux plafonds d'office assez grands pour les détailler en rond, afin de les superposer les uns sur les autres, de manière à en former un gâteau de 15 à 20 centimètres de hauteur sur 12 centimètres de diamètre à sa base et de 8 de diamètre sur la hauteur. L'évider sur le milieu de manière à en former une timbale, le glacer au fondant à la fraise, décorer le couvercle des attributs des cardinaux et emplir le vide avec une glace aux cerises au moment de servir.

Croûtes d'Ananas à la Joinville.

Cuisez un savarin de moyenne grandeur et laissez-le refroidir. Divisez-le en deux sur sa hauteur. Le pied vous servira pour dresser le haut. Coupez le dessus en petites tranches en biais, de sorte que chaque tranche fasse un joli croûton d'un demi-centimètre d'épaisseur. Coupez dans un ananas des lames à peu près égales à vos croûtons ; faites un sirop au marasquin ; au moment de dresser, trempez chaque croûton dans le sirop et alternez en dressant un croûton et une tranche d'ananas, ainsi de suite. Il est certain qu'il vous restera quelques croûtons, mais mettez juste ce qu'il faut pour faire un joli entremets. Emplissez le puits avec de la crème fouettée et vanillée et nappez le tout d'un sirop d'abricot au marasquin légèrement teinté rose.

Servez en même temps une compote de fruits et de petits gâteaux.

CROUTES D'ANANAS A LA JOINVILLE

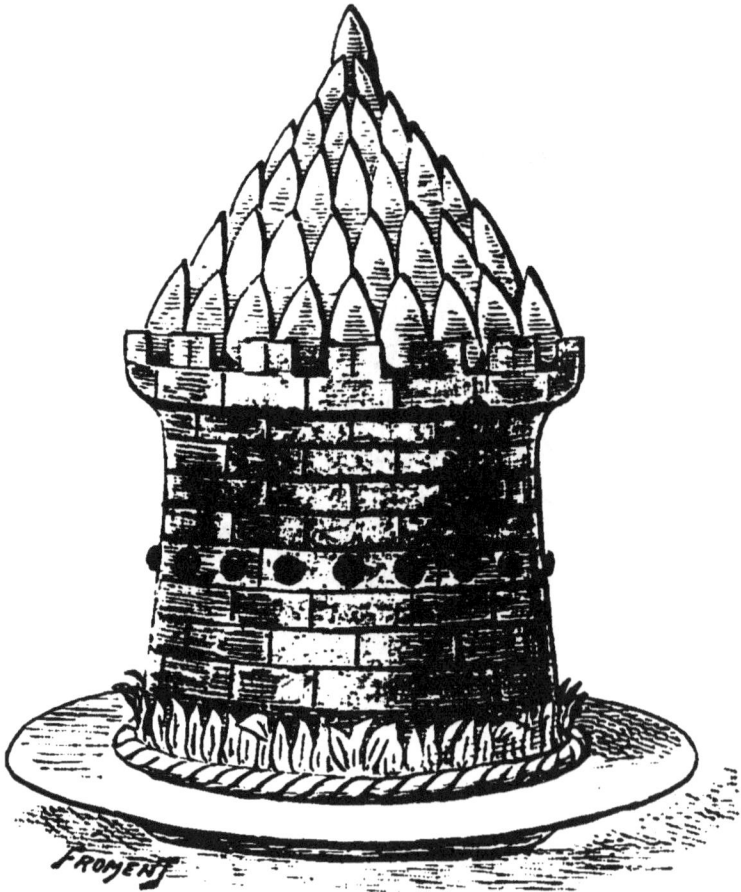

TONKINOISE GLACÉE AU CAFÉ

Tonkinoise glacée au Café.

Faites cuire une plaque de pâte comme suit la recette :

Mettez dans un bassin une demi-livre de sucre en poudre, huit œufs entiers, une cuiller d'essence de café et un petit verre de kirsch, prenez cette pâte en la fouettant sur une casserole d'eau bouillante comme pour la génoise à chaud, mêlez-y ensuite, quand la pâte est assez montée, un quart de farine tamisée et trois onces de farine de riz et six onces de beurre fondu ; renversez votre pâte sur une plaque à rebord et garnie d'un papier beurré, cuisez-la au four ordinaire ; lorsque la pâte est cuite et tout à fait refroidie, coupez des ronds avec un emporte-pièce, de manière à en former des gradins qui, superposés les uns sur les autres, serviraient à en former un bastion. Chaque morceau doit être évidé, excepté le premier qui doit en former le fond, les deux du haut doivent être un peu plus larges que les autres ; les coller et les monter soit avec de la marmelade d'abricot ou autre ; lorsque votre gâteau est monté, le glacer au fondant au café, le décorer en y formant de petits créneaux ainsi qu'à sa base, selon le goût de la personne. Dressez dans le puits une glace au café en rocher et servez.

Charlotte de Gaufres à la Palmerston.

Foncez un moule à Charlotte avec des gaufrettes en tuyaux de deux couleurs, blanc et rose, collez-les ensemble avec un cornet de glace royal. En les montant, faites attention aussi que le devant de la gaufrette présente sa plus jolie surface étant démoulée ; pour cela, vous avez besoin d'un fond pour pouvoir mettre la Charlotte. Faites aussi un petit décor sur le milieu de chaque gaufre, soit blanc pour les roses et rose pour les blancs : emplissez votre moule foncé de **glace plombière** de fraises, renversez votre Charlotte sur le fond préparé et mettez dessus et autour du pied des fraises trempées dans du sucre en poudre.

Servez en même temps une compote de fruits ainsi que des petits gâteaux.

Amandine aux Fruits.

Beurrez un moule à Charlotte assez bas, foncez-le de pâte à Savarin dans le fond, mettez-y un lit d'amandes hachées et pralinées, remettez-y une couche de pâte, un autre lit d'amandes et ensuite une autre couche de pâte, de manière que le moule se trouve à moitié de sa hauteur ; laissez revenir dans un endroit tiède. Lorsque le moule est plein, entourez-le d'une bande de papier beurré et le pousser au four ; pendant le temps de sa cuisson, préparez un salpicon de fruits que vous faites macérer dans un sirop léger, un bon verre de kirsch ou de noyaux et quelques cuillerées de marmelade d'abricots passée au tamis fin. Lorsque votre gâteau est cuit, siropez-le avec du sirop au kirsch ou aux noyaux. Couvrez-le de salpicon de fruit et servez.

Beignets de Pommes.

Épluchez des pommes de reinette de même grosseur, parez-en les deux extrémités afin de les rendre de la même largeur ; coupez-les en tranches égales et enlevez le milieu avec un coupe-pâte ou un vide-pomme, de manière à en enlever l'endocarpe qui se trouve dans le centre ; placez ces tranches dans un plat creux, les saupoudrer de sucre en poudre parfumé, soit à la vanille, à l'orange ou au citron ; versez par dessus un verre de kirsch ou cognac ou même de rhum, selon les goûts ; arrosez-les de temps en temps afin que les tranches s'imprègnent de la liqueur ; ayez, au moment du service, de la bonne friture bien chaude,

trempez vos tranches l'une après l'autre dans de la
pâte à frire préparée d'avance, et les plonger ensuite
dans la friture chaude par petites quantités ; remuer les
beignets avec une écumoire ou un attelet afin que la
cuisson soit égale ; lorsqu'ils sont de belle couleur, les
retirer de la friture, les égoutter sur un linge, les poser
ensuite sur une grille préparée sur un plafond, les laisser à la bouche du four afin d'attendre les autres que
vous avez remplacé dans la friture ; lorsque le tout est
terminé, saupoudrez-les de sucre en poudre parfumé ;
les dresser en couronne sur serviette et les envoyer
brûlants.

Pâte à frire pour Beignets.

Mettez dans une terrine une demi-livre de farine
tamisée, faites au milieu une petite fontaine ; mettez-y
un peu de sel, versez-y de l'eau par petite quantité à la
fois que vous remuez avec une cuiller de bois de
manière à en former une pâte lisse sans grumeaux,
avoir soin de la tenir pas trop épaisse, qu'elle soit
comme une crème ; ajoutez-y deux ou trois cuillerées
d'huile en la tournant toujours ; au dernier moment,
ajoutez-y deux ou trois blancs d'œufs fouettés très fermes que vous mêlez à votre pâte en la mêlant légèrement.

Beignets de Pêches.

Choisissez de belles pêches, les séparer en deux, en
enlever la peau, les faire macérer dans un verre de
liqueur et un peu de sucre en poudre une demi-heure

avant le service, afin que l'arôme pénétre dans la
chair ; ayez de la bonne friture chaude, egouttez vos
pêches et les plonger à la friture ; après cuisson, les
égoutter sur un linge, les saupoudrer de sucre parfumé, les dresser en couronne sur serviette bien
chaude.

Beignets d'Abricots.

Procédez comme pour les pêches ; ayez soin, toutefois, que vos abricots ne soient pas très avancés
comme maturité, et tenir la pâte à frire un peu plus
ferme.

Beignets de Bananes.

Choisissez des bananes bien mûres et tendres, leur
enlever la peau, les fendre en deux sur leur longueur,
les faire macérer dans un verre de liqueur et un peu de
sucre en poudre pendant une heure environ, ensuite les
frire comme les beignets de pommes et autres. Cet
entremets se fait beaucoup en Égypte, mais les marchands de comestibles en reçoivent beaucoup, et il est
très facile de s'en procurer.

Beignets de Crème de Riz.

Mettez dans une casserole trois cuillerées de farine
de crème de riz, deux cuillerées de farine ordinaire, un
peu de sel ainsi qu'un peu de sucre vanillé ; délayez le
tout avec du lait et tournez cet appareil sur le feu avec
une cuiller de bois, en ayant soin que la crème n'atta-

che pas au fond de la casserole: lorsque la crème
devient consistante, mêlez-lui trois jaunes d'œufs pour
bien la lier, ensuite beurrez une feuille de papier posée
sur un plafond ; renversez-y votre crème en l'unissant
dessus de manière qu'elle soit égale en épaisseur : laissez-la refroidir pour en couper des rondelles que vous
passez dans du macaron écrasé, ensuite passez-les à
l'œuf et faites frire à bonne friture ; les égoutter ensuite,
les sucrer avec du sucre en poudre parfumé et les
dresser sur serviette.

Beignets de la Vierge.

Dans le moment où l'acacia est en fleurs, c'est le
moment de les utiliser pour en faire des beignets dont
le parfum si doux ressemble aux fleurs d'oranger ; ce
plat sucré est des plus faciles à exécuter ; prenez de
jolies grappes fleuries d'acacia, les tremper dans de la
pâte à frire comme les autres beignets, les égoutter sur
un linge après cuisson, les saupoudrer de sucre vanillé,
les servir en buisson sur serviette.

Beignets soufflés.

Mettez dans une casserole à peu près 60 grammes de
beurre, autant d'eau, un grain de sel ; mettez sur le feu ;
lorsque le tout se met à l'ébullition, ajoutez-y 60 grammes de farine tamisée, remuez cette pâte afin qu'elle se
dessèche quelques minutes, retirez-la du feu et mouillez-la d'abord avec un œuf en remuant fortement avec
une cuiller de bois ; remettez-y encore un œuf et remuez

toujours afin que la pâte prenne du corps et devienne lisse ; mêlez-y une cuillerée de sucre vanillé ou autre arôme ; d'un autre côté, ayez de la friture chaude, avec le moyen d'une cuiller, faites tomber de petites boules dans la friture ; lorsque vous en avez suffisamment, tournez-les avec une écumoire jusqu'à parfaite cuisson ; égouttez-les ensuite sur un linge, les saupoudrer de sucre et les servir en buisson sur serviette ; l'on peut également envoyer une saucière de sauce abricot à part.

Tarte aux Cerises à l'Anglaise.

Ayez un plat carré long à rebords plats et assez profond. Presque tous les magasins de faïence vendent ces plats qui se sont francisés, j'en vois chez tous les marchands, et sont même très utiles pour aller à la campagne ; ils sont très transportables pour pique-nique, partie de chasse, partie de plaisir champêtre, etc.

Prenez des belles cerises bien mûres à cuire (dites Montmorency ou l'Anglaise), en enlever seulement les queues, les mettre dans votre plat sans les énoyauter ; lorsque votre plat est bien plein, couvrez vos cerises de sucre en poudre ainsi qu'un demi-verre d'eau ; d'une autre part, faites une pâte à tarte ainsi composée : Mettez sur le marbre ou sur une table une livre de farine tamisée, trois quarts de beurre, 30 grammes de sucre en poudre et deux ou trois jaunes d'œufs ainsi qu'une pincée de sel ; maniez cette pâte en la frisant entre les mains de manière à la rendre compacte, faites-en une abaisse avec le rouleau, coupez autour une petite bandelette de la largeur du bord du plat, mouillez les bords du plat et placez-y votre bandelette en appuyant avec le pouce ; mouillez la bande et couvrez entièrement la tarte en appuyant également autour afin de bien souder la pâte ; mouillez légèrement la tarte, semez par dessus un peu de sucre en poudre et cuisez à four modéré ; à la cuisson, votre tarte doit être d'une belle couleur blonde et le couvercle bien bombé ; l'on voit ordinairement lorsque les fruits sont cuits par un jet de vapeur s'échappant entre les bords du plat à tarte et la pâte, alors votre tarte est complétement cuite ; laissez-la refroidir dans un endroit frais et servez toujours sur serviette, accompagné d'un bol de crème fouettée ou simplement d'un petit pot de crème fraiche. Toutes les tartes de fruit se font de la même manière.

Tarte aux Groseilles et Framboises.

Emplissez un plat à tarte de groseilles et autant de framboises, couvrez-les de sucre et procédez comme pour les cerises.

Tarte au Cassis.
Tarte aux Groseilles à Maquereau.
Tarte à la Rhubarbe.
Tarte au Verjus.
Tarte aux Mures sauvages.
Tarte aux Pêches.
Tarte aux Abricots.

L'on fait également des tartes d'oranges ; l'on remplace les fruits par un tampon de papier ; vous couvrez

votre tarte et vous la faites cuire ; lorsque le couvercle
est cuit, vous le détachez du plat à tarte, vous y mettez
vos quartiers d'orange ainsi qu'un peu de sirop aro-
matisé de liqueur, vous saupoudrez votre couvercle
avec un peu de blanc d'œuf et de glace de sucre et servez sur serviette ; l'on peut également servir dans les
mêmes conditions des tartes de macédoine de fruits
glacés, en conservant le plat sur la glace ; ordinairement, ces sortes de tartes ne se servent qu'au grand
déjeuner, bien rarement pour un dîner.

Tarte aux Pommes.

Les pommes se font en tarte également en les éplu-
chant et en les coupant par lames fines avec un peu de
zeste de citron ou de canel ; pour le reste, l'on procède
comme pour tous les autres fruits, tarte aux mirtilles,
etc., etc.

Gelée sucrée pour bal.

Zestez une demi-douzaine d'oranges et citrons ; mettez les zestes dans un sirop léger pour infuser quelque
temps ; mettez dans une casserole une livre et demie de
sucre, une demi-livre de gélatine blanche et trois litres
d'eau, le jus de 6 citrons et de 6 oranges ; laissez la
gélatine se dissoudre à moitié ; mêlez à tout cela quatre
blancs d'œufs moitié fouettés ; mettez votre gelée sur le
feu, ajoutez-y votre infusion de zeste et tournez-la sur
le feu jusqu'à ce qu'elle soit frémissante et laissez-la

sur le coin du feu de manière que les blancs pochent
doucement ; vous voyez, peu de temps après, la limpi-
dité qui vient toute seule. Lorsque vous avez un
moment, montez votre chausse dans la boîte à gelée ou
entre deux chaises ; passez de l'eau bouillante dans la
chausse et passez ensuite votre gelée deux ou trois fois
de suite ; lorsque votre gelée coule limpide, laissez-la
couler jusqu'à la dernière goutte, ensuite vous la divisez
par parties comme autant de sortes de gelées que vous
voulez faire et au goût que vous désirez ; il est toujours
bon d'essayer la gelée dans un petit moule sur la glace
pour voir ce que vous pouvez mettre de liqueur, car
pour les bals, les gelées doivent être plus consistantes
que la gelée destinée pour un dîner ; avec ce fond de
gelée, vous pouvez faire toutes sortes de gelées : aux
fruits, aux liqueurs fouettées, panachées, colorées,
etc., cela fait un joli effet sur une table de souper, surtout lorsque les gelées ne sont pas trop grosses : les
petites gelées sont préférables, aussi cela se fait beaucoup maintenant ; l'on peut également monter ces gelées
avec les fruits comme chartreuse de fraises, ananas,
etc.

Les Pains de Fruits.

Se font avec la pulpe du fruit passée à l'étamine et à
froid ; faites clarifier de la gélatine que vous étendez de
sirop et que vous mêlez à la pulpe du fruit ainsi que
plusieurs jus de citrons, lorsque la gélatine commence
à devenir tiède, vous mettez en moule et sur glace, toujours avec des moules à cylindre, de sorte, lorsqu'ils

sont démoulés, vous pouvez garnir le milieu de crème fouettée.

Les pains de fraises, les pains d'abricots, de pêches, framboises, tout fruits ayant de la pulpe, etc.

Ordinairement, tous les pains de fruits sont généralement accompagnés d'assiettes de petits gâteaux.

Les Mousses de Fruits.

Les mousses de fruits se font presque de la même manière que les pains, seulement il n'y entre pas de gélatine ; la purée du fruit est sucrée avec un sirop assez fort, et le tout fini avec de la bonne crème double fouettée, ensuite vous mettez en moule et sanglez à la glace de deux heures à deux heures et demi, selon la grandeur du moule. Tous les fruits peuvent se faire en mousse, et comme les autres il faut les accompagner de petits gâteaux.

TRAITÉ GÉNÉRAL

DE

LA CUISINE MAIGRE

———

SIXIÈME PARTIE

—

MENUS

DE

Déjeuners et de Dîners Maigres

MENUS DE DINERS

Premier dîner.

Polage Julienne.
Soles au beurre.
Vol-au-Vent de Gnochis.
Queues de Homard au Gratin.
Pommes meringuées à la Turque.
Sardines à la Diable.

Deuxième dîner.

Purée Crécy au Riz.
Eperlans frits à la Brochette.
Croûtes aux Champignons.
Darne de Saumon.
Salade de Crevettes.
Choux-fleurs au Gratin.
Mousse aux Amandes pralinées.

Troisième dîner.

Purée de pois aux croûtons à la Fermière.
Saumon braisé sauce Saltibot.
Turban de merlan à la Beaumont.
Timbale de spagetti à la Florentine.
Diplomate au Maraschino.

MENUS DE DÉJEUNERS

Premier déjeuner maigre.

Rougets grillés Maître-d'Hôtel.
Vol-au-Vent aux Quenelles de Brochet.
Omelette aux Truffes.
Salade de Homard.
Lentilles au Beurre.
Pommes au Riz.

Deuxième déjeuner maigre.

Filets de sole à la Fontange.
Gratin de Turbot à la Duchesse.
Œufs brouillés aux Pointes d'Asperges.
Salade Italienne.
Salsifis frits.
Amandines aux Fruits.

Troisième déjeuner maigre.

Tranches de Saumon grillées à la Tartare.
Escargots à la Bourguignonne.
Œufs pochés à l'Oseille.
Pommes de terre Anna.
Pudding mousseline à l'Orange.

Quatrième déjeuner maigre.

Sole au Vin blanc.
Timbale de Gnochis à la Crème.
Œufs brouillés aux Champignons.
Langouste à la Parisienne.
Haricots verts sautés au Beurre.
Croûtes aux Pêches à la Ninon.

MENUS DE DINERS

(suite)

—

Quatrième dîner.

Potage Tortue clair.
Merlan au Gratin.
Paupiettes de filets de Soles demi-deuil.
Cassolettes de Nouilles à la Piémontaise.
Riz à l'Impérial.

Cinquième dîner.

Bisque de Homard au riz.
Fritures de Goujon de Seine.
Pain de Brochet à la Marinière.
Pommes de terre à la Crapaudine.
Mousse de Violette voilée à la Suzon.
Petits bateaux d'Huitres soufflés.

Sixième dîner.

Purée de Céleri à la Crème.
Petits Bugues frits au Beurre.
Boudins de Merlan à la Meunière.
Langouste à la Grimaldi.
Epinards au Beurre noisette.
Pudding de Semouille aux Abricots.

11.

MENUS DE DÉJEUNERS
(suite)

—

Cinquième déjeuner maigre.
Morue sauce aux Huîtres.
Petites Pommes de terre nouvelles au Beurre.
Coulibiac de Saumon à la Russe.
Grenouilles à la Poulette.
Croûtes aux Champignons à la Duras.
Salade de Laitues aux Œufs.
Rainettes en robe de chambre.

Sixième déjeuner maigre.
Alose grillée à l'Oseille.
Tourte aux Poireaux.
Truite froide sauce Tartare.
Asperges sauce mousseuse.
Gâteau Léonie Godet.
Compote de Pêches.

Septième déjeuner maigre.
Moules à la Poulette.
Maquereaux grillés à la Maître-d'Hôtel.
Croustades d'Œufs aux Epinards.
Asperges à l'huile.
Brioche à la Polonaise.
Compote de Martinsec.

Huitième déjeuner maigre.
Huîtres de Cancale au Chablis.
Harengs frais sauce Moutarde.
Omelette aux fines Herbes.
Langouste à la Vinaigrette.
Pommes de terre à la Crapaudine.
Richelieu aux Fruits.
Fraises à la Crème.

MENUS DE DINERS

suite

—

Septième dîner.

Crème d'Asperges aux pointes.
Barbue sauce Hollandaise.
Timbale de Gnochis aux Tomates.
Crabe dressé à l'Anglaise.
Salsifis frits.
Croûtes de Pêches à la Saint-Maurice.

Huitième dîner.

Potage aux Huîtres.
Filet de Truite sauce Crevette.
Croquettes de ris de Tortue à l'Indienne.
Pâté de pommes de terre à l'Ecossaise.
Petites Sarcelles sous la cendre.
Petits Pois à la Romaine.
Gâteau plombière à la Pompadour.

Neuvième dîner.

Potage Palestine.
Saint-Pierre sauce Hollandaise.
Cuisse de laitance de Carpe à la Louvois.
Vol-au-vent à la Béchamel.
Coquilles de Homard au Gratin.
Haricots verts sautés au Beurre.
Gelée de Mandarine à l'Egyptienne.

MENUS DE DÉJEUNERS
(suite)

—

Neuvième déjeuner maigre.

Merlans au Gratin.
Timbale de Lazagnes à la Reine.
Œufs mollets aux Tomates.
Darne de Saumon froid à la Ravigote.
Petits Pois à la Romaine.
Pudding de cabinet à la Manon.
Compote et petits Gâteaux.

Dixième déjeuner maigre.

Hors-d'Œuvre.
Côtelettes de Turbot à la Varsovienne.
Queues de Homard au Gratin.
Œufs de Pluvier à la Gelée.
Salade verte.
Artichauts à la Crème.
Gâteau Cussy.
Macédoine de Fruits glacés.

Onzième déjeuner maigre.

Hors-d'Œuvre.
Sardines à l'huile.
Beurre.
Artichauts poivrade.
Friture de Goujons.
Turban de filet de Sole aux Truffes.
Œufs brouillés Petit-Duc.
Riz à la Valencienne.
Asperges froides sauce Mayonnaise.
Chartreuse de Fraises à la Crème.
Petits Gâteaux.

MENUS DE DINERS

(suite

—

Dixième dîner.

Purée de Potiron à la Crème.
Darne de Saumon sauce Mousseuse.
Matelotte d'Anguille Bourguignonne.
Macaroni au Gratin.
Calecanom à l'Irlandaise.
Mousse aux Pistaches.

Onzième dîner.

Potage Brunoise.
Rouget grillé Maitre d'Hôtel.
Côtelettes de Turbot Normande.
Mousse de Homard à la Russe.
Petites carottes à la Crème.
Bombe à l'Orientale.

Douzième dîner.

Potage d'Esturgeon au Vesiga.
Cabillaud sauce aux Œufs.
Timbale d'Ecrevisses.
Gnochis au Gratin.
Tomates farcies.
Pêches à l'Andalouse.

MENUS DE DÉJEUNERS
(suite)
—

Douzième déjeuner maigre.

Hors-d'Œuvre : Filets de Harengs fumés, Radis et Beurre.
Soles frites à la Nantaise.
Matelotte de Carpe à la Bourguignonne.
Œufs en cocotte.
Salade Russe.
Laitues farcies au Beurre.
Timbale de Cerises.
Compote de Groseilles blanches.
Gâteaux.

Treizième déjeuner maigre.

Hors-d'Œuvre : Sardines Beurre, Melon.
Petites Truites de Lac grillées, sauce Rémoulade.
Paupiettes de Sole à la Mazarine.
Currie d'Œufs à l'Indienne.
Tomates à la Russe.
Fèves de marais à la Béchamel.
Timbale de Pêches Marie-Louise.
Glace au Café vierge.
Petits Gâteaux.

Quatorzième déjeuner maigre.

Hors-d'Œuvre :
Petits soufflés d'Eglefin fumés, Beurre en coquille et Radis.
Filets de Barbue à la Moneret.
Omelette aux Huîtres.
Sarcelles à la Polonaise.
Choux-fleurs frits.
Timbale de Marrons à la Nianza.
Compote et petits Gâteaux.

MENUS DE DINERS
(suite)

—

Treizième diner.

Purée de Légumes à la Crème.
Truite sauce Crevette.
Cromesquis de Merlans a l'Anglaise.
Soufflé à la Parmentier.
Courges Gratinées à la Bernard.
Gâteau Montmorency au Kirsch.

Quatorzième diner.

Consommé de Racines au Sagou.
Sterlet à la Crème aigre.
Côtelettes de Turbot à la Pojarski.
Sarcelles rôties sur Canapé.
Chicorée à la Crème.
Pudding Conquérant.

Quinzième diner.

Potage de Laitance aux Petits Pois.
Bar sauce aux Carpes.
Vol-au-Vent de Macaroni aux Truffes.
Mayonnaise de Homard à la Denise.
Aubergines frites à l'Américaine.
Mousse de Pêches glacée au Kirsch.

MENUS DE DÉJEUNERS
(suite)

—

Quinzième déjeuner maigre.

Hors-d'Œuvre : Caviars, Radis, Beurre.
Rougets gratinés Napolitaine.
Vol-au-Vent de Turbot à la Béchamel.
Œufs pochés aux Nouilles.
Crabe dressé à l'Anglaise.
Haricots verts à la Crème.
Bombe glacée aux Fruits.
Petits Gâteaux.

Seixième déjeuner maigre.

Hors-d'Œuvre : Filets de Harengs marinés.
Cresson et Beurre frais.
Raie au Beurre noir.
Côtelettes de Homard à La Rosselin.
Œufs à la Saint-James.
Salade de Céleris à la Dijonnaise.
Cardes sauce Hollandaise.
Charlotte Cécilia.
Compote et petits Gâteaux.

Dix-septième déjeuner maigre.

Hors-d'Œuvre : Artichauts à l'huile, Sardines et Beurre.
Filets de Sole à la Jouvencienne.
Darne de Truite à la Moscovite.
Œufs pochés à la Laponne.
Aubergines au Gratin.
Gâteau Bradada aux Amandes.
Compote de Fruits.
Petits Gâteaux.

MENUS DE DINERS

(suite)

Seizième dîner.

Brunoise au Tapioca.
Darne de Saumon sauce Génevoise.
Crème de Homard à la Royale.
Croûtes aux Champignons.
Choux marins sauce au Beurre.
Melon en surprise.

Dix-septième dîner.

Sagou aux Navets.
Filets de Maquereaux Maitre-d'Hôtel.
Petites Bouchées aux Truites.
Œufs pochés aux Epinards.
Salsifis frits.
Gâteau Génois garni de Crème.

Dix-huitième dîner.

Purée de Tomates à la Fermière.
Brochet farci aux Truffes.
Médaillons de Truite à la gelée.
Omelette Russe.
Croquettes de Pommes de terre.
Charlotte de Pommes à l'Abricot.

MENUS DE DÉJEUNERS
(suite)
—

Dix-huitième déjeuner maigre.

Hors-d'Œuvre : Crevettes à la Glace, Beurre, Olives, Anchois.
Filets de Perche à l'Italienne.
Friture d'Anguille.
Croustades d'Œufs à l'Oseille.
Choux de Bruxelles au Beurre.
Mousseline à l'Orange.
Compote de Fruits.
Petits Gâteaux.

Dix-neuvième déjeuner maigre.

Hors-d'Œuvre : Thon mariné, Huîtres, Beurre et Radis.
Sardines fraîches grillées à la Maître-d'Hôtel.
Pain de Merlan à la Dieppoise.
Gnochis au Gratin à la Provençale.
Salade de Laitue aux Œufs.
Topinambours à la Crème.
Croûtes d'Ananas à la Joinville.
Compote de Fruits et petits Gâteaux.

Vingtième déjeuner maigre.

Hors-d'Œuvre :
Filet de Saumon fumé, Céleris, Raves en salade, Beurre en coquille.
Rougets Grondins au Beurre.
Caisses d'Œufs au Gratin.
Ecrevisses à la Royat.
Croquettes de Riz au Fromage.
Chicorée à la Crème.
Charlotte de Gaufres à la Palmerston.
Compote de Fruits et petits Gâteaux.

MENUS DE DINERS
(suite)

—

Dix-neuvième dîner.

Julienne de Céleris aux Quenelles de Saumon.
Filet de Turbot à la Crème.
Petits Pâtés chauds de Crevettes.
Croquettes de Riz au Parmesan.
Vitelottes à la Crème.
Timbale de Poires à l'Abricot.

Vingtième dîner.

Purée de Poireaux à la Crème.
Truite de Lac au Beurre fondu.
Petites Bombes au Vesiga à la Russe.
Currie de Homard à l'Indienne.
Choux de Bruxelles sautés au Beurre.
Tonquinoise glacée au Café.

Vingt-et-unième dîner.

Purée de Marrons à la Crème.
Cabillaud saucé aux Huîtres.
Côtelettes de Homard à la Saint-Brice.
Laitues farcies au Beurre.
Lazagnes au Gratin.
Flanc de Pommes à la Portugaise.

Menu de Banquet.

Tout en poisson.

Je me rappelle avoir eu à préparer, lors de l'Exposition de Philadelphie, un banquet composé exclusivement de poisson, ce banquet étant donné par tous les marchands de poisson du Nouveau-Monde et chacun d'eux apportait le poisson de son pays. J'ai dans mes voyages égaré ce menu bizarre que je vais essayer, de mémoire de reconstituer depuis le potage jusqu'au dessert.

Potages { Aux Huitres,
Tortue verte (clair),
Terrapines (he).

King-fish au bleu sauce Génevoise.

Cheap-shead fish sauce Ravigotte.

Filets de Halibut aux Coquillages.

Paupiettes de Pompineau à la Lafayette.

Croustades de Muscalonge à la Crème.

Petites bouchées de Grenouilles à la Poulette.

Sea fish d'Amérique rôtis.

Galantine de Black fish à la gelée.

Crabes mous frits.

Mayonnaise de Homard.

Queues de Homard au Gratin.

Gombos à la Crème.

Maïs au Beurre.

Gelée de Poisson au Vin de Californie.

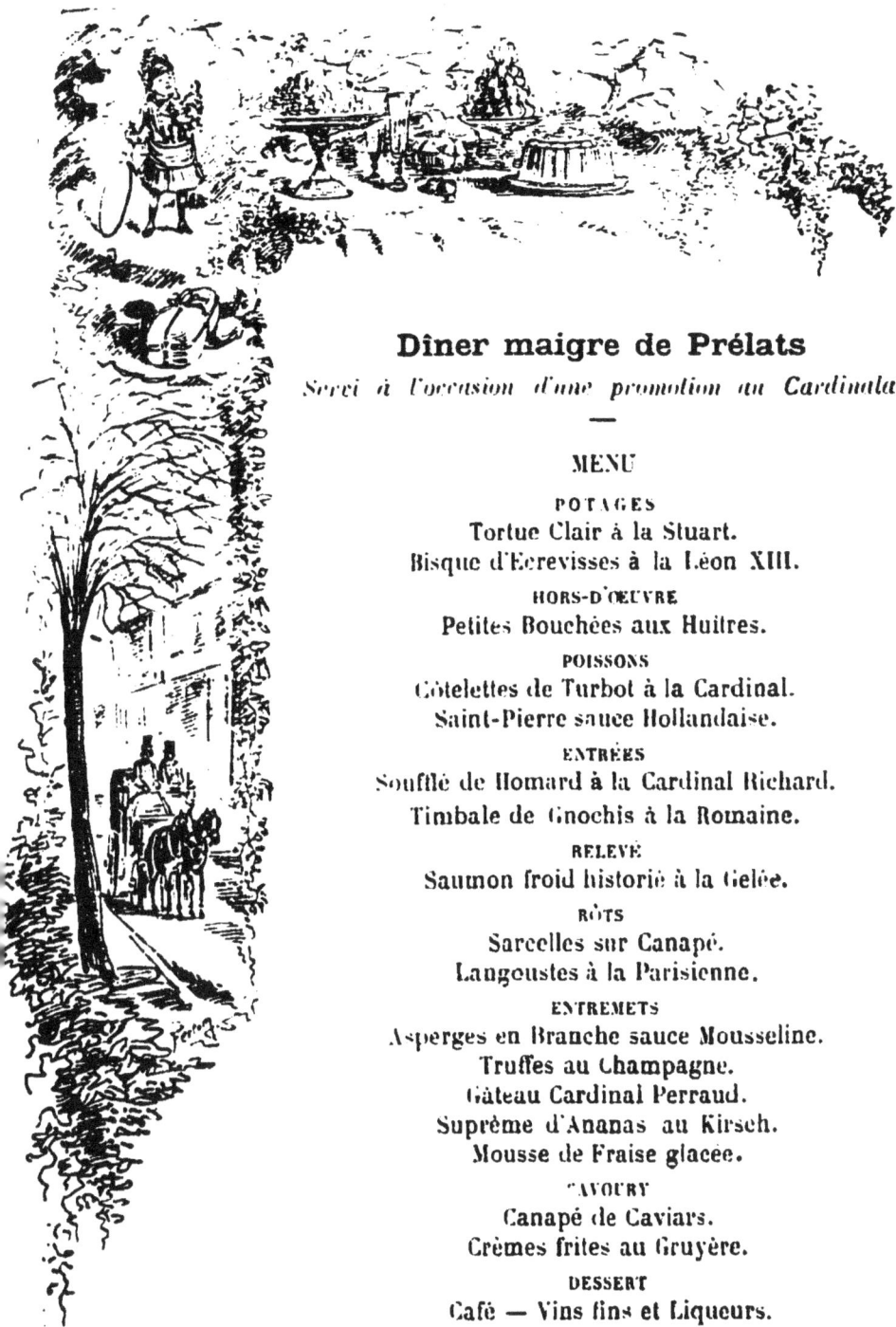

Dîner maigre de Prélats

Servi à l'occasion d'une promotion au Cardinalat

—

MENU

POTAGES
Tortue Clair à la Stuart.
Bisque d'Ecrevisses à la Léon XIII.

HORS-D'ŒUVRE
Petites Bouchées aux Huîtres.

POISSONS
Côtelettes de Turbot à la Cardinal.
Saint-Pierre sauce Hollandaise.

ENTRÉES
Soufflé de Homard à la Cardinal Richard.
Timbale de Gnochis à la Romaine.

RELEVÉ
Saumon froid historié à la Gelée.

RÔTS
Sarcelles sur Canapé.
Langoustes à la Parisienne.

ENTREMETS
Asperges en Branche sauce Mousseline.
Truffes au Champagne.
Gâteau Cardinal Perraud.
Suprême d'Ananas au Kirsch.
Mousse de Fraise glacée.

SAVOURY
Canapé de Caviars.
Crèmes frites au Gruyère.

DESSERT
Café — Vins fins et Liqueurs.

——

SEPTIÈME PARTIE

MENUS ET RECETTES

(Gras et Maigre)

MENU DOUBLE, GRAS ET MAIGRE

Maigre (1 couvert)

Servi par un homme exprès.

Purée de Crecy aux croûtons.
Cèpes de Bordeaux gratinées au Beurre.

Entrées.

Petites bouchées Crème d'Asperges.
Fonds d'Artichauts printaniers.
Soufflé à la Parmentier au Beurre noisette.
Cardons à la Béchamel.
Punch à la Sultane.
Truffes à la Serviette.
Asperges à la Crème.
Salade à l'Italienne.
Timbale Pompadour.
Caroline de Fraises glacées.
Petits Soufflés au Parmesan.

Complet (25 couverts).

Consommé aux Perles du Brésil.
Purée Saint-Germain.
Saumon sauce Genevoise.
Filets de Sole Norvégienne.
Blanchailles friture.
Crème de Volaille, Pointes d'Asperges.
Noisette d'agneau, purée de Champignons.
Filet de Bœuf Richelieu.
Poulardes soufflées à la Orloff.
Punch à la Sultane.
Cailles de vigne sur canapé.
Aspic de foie gras à l'Isabelle.
Asperges à la Crème.
Timbale Pompadour.
Caroline de Fraises glacées.
Huîtres soufflées.
Petites Tartelettes crème de Homard.

SIXIÉME PARTIE

—

MENUS ET RECETTES

(Gras et Maigre)

——

Menu double, gras et maigre.

Il y a en Angleterre, une Société dont les membres
ne mangent ni viande, ni poisson. Le président de cette
Société (Végétarian Society) est très riche et possède de
grandes propriétés dans le Comté de Surrey, à six milles
de Guildford, West Horsley. Il est le roi de la contrée et
se nomme Lord Lovelace. Maintes fois j'ai eu ce noble
comte à dîner au château, ce qui me permet de donner
ici un spécimen de ses repas. J'avais vingt-cinq couverts et une petite sauterie comme disent les familles
Anglaises (c'est-à-dire un petit bal de cent cinquante
à deux cents personnes après le dîner). J'ai dû servir
son *diner complet* composé seulement de légumes, pendant que les autres convives mangeaient le leur, ainsi
qu'on le verra par les menus annexés ci-contre.

12

Dîner de 25 couverts

servi chez Lord Lathom.

Consommé Fermière.
Crème de Homard Profitolis.
Saumon à l'Ecossaise.
Côtelettes de Soles Pontoises.
Mousseline à la Torcy.
Chaufroid Dumenil.
Hanche de Venaison à l'Anglaise.
Selle de Mouton Bretonne.
Poulardes froides à la Monglas.
Salade printanière.
Ortolans en coquille.
Asperges sauce Mousse.
Biscuit de Fruit Macédoine.
Nougat à la Montreuil.
Crème Fromage glacée.
Glace Ludovicus Pascalus.

Mousseline à la Torcy.

Faites blanchir un peu de macaroni de Naples, le rafraîchir, l'égoutter et le couper menu, à en former de petits anneaux. Beurrez un moule à bombe et montez ce moule avec ces petits anneaux, les uns contre les autres. L'on peut, en mettant un peu de macaroni dans un bain de safran, obtenir une couleur jaune, ce qui ferait deux sortes de couleurs; l'on peut également en faire du rose, pour obtenir un joli décor. Ayez de la farce de volaille montée à la crème fouettée, vous chemisez votre moule, fortement, en y laissant un point pour mettre une bonne garniture financière; recouvrez le moule de farce et faites-le pocher, dressez et saucez d'une sauce suprême et envoyez le reste de la sauce dans une saucière.

Dîner de Vendanges.

Menu d'une Pelée (1).

Escargots au Chablis
Murette à la Bourguignonne
Petits Poulets à la Vault-Laurent
Filet de Bœuf piqué sauce Verjus
Pâté de Lièvre à la Gelée
Perdreaux rôtis
Salade
Céleris braisés au Jus
Brioche Mousseline
Café et Dessert

Petits Poulets à la Vault-Laurent.

Prenez de jeunes poulets que vous découpez comme pour la fricassée à l'ancienne, marquez dans une casserole quelques rondelles de carottes, deux beaux oignons coupés, un bouquet garni à deux clous de girofle, y mettre les morceaux de poulet et les mouiller à couvert avec de la crème à bouillir, les saler et poivrer. Après une demi-heure de cuisson, retirez les morceaux, et passer le fond à la mousseline et le lier avec trois jaunes et un bon morceau de beurre fin. Servir vos poulets bien chauds.

(1) Je ne sais si le mot *Pelée* est français, mais c'est un mot fort usité en Bourgogne pour exprimer une sorte de réjouissance organisée par un propriétaire rentrant sa dernière récolte. Il y a grand repas de famille, auquel prennent part les ouvriers et ouvrières. La voiture qui ramène les derniers raisins coupés est pavoisée de fleurs, de rubans, ainsi que des attributs de vigneron. Les jeunes gens et jeunes filles dansent et chantent autour de la voiture, se réjouissant de la fin de la vendange.

Souper du 31 mai.

POTAGES

Consommé de Volaille
Tortue   Clair

ENTRÉES CHAUDES

Côtelettes d'Agneau aux Petits Pois
Poulets rôtis au Cresson
Cailles de vigne sur Croûton
Truffes à la serviette

ENTRÉES FROIDES

Côtelettes de truite à la Demidoff (Pommes de terre et Truffes)
Salade de Homard garnie d'Œufs et Concombres
Filets de Sole à la Cendrillon, salade russe au milieu
Petites Galantines de Volaille à la Gelée
Noisettes d'Agneau en Chaudfroid Comtesse (Pointes d'Asperges)
Chaudfroid de Mauviette à la Bohémienne (Truffes et Foie gras)
Médaillon de Volaille à la Parisienne (Petits Pois)
Jambon d'Yorck à la Gelée
Petits poulets printaniers découpés
Sandwiches à la Reine
Petits pains à la Française
Asperges en branches sauce Crème

ENTREMETS

Gelée Macédoine au Champagne
Bavarrois Moscovite Chocolat et Café
Mousses de Fraises et Abricots
Petite Pâtisserie variée

Souper de bal du 6 mai, de noces d'argent

servi chez M. Grenfeld

POTAGE

Consommé de Volaille

ENTRÉES CHAUDES

Côtelettes d'Agneau Petits Pois
Poulets sautés Chasseur

FROID

Darne de Saumon à la Parisienne
Filets de Sole à la Norvégienné

Ballotines de Volaille aux Truffes
Pains de Foie Gras à la Royale
Médaillons de Poularde à la Renaisssance
Chaudfroid de Côtelettes d'Agneau à la Russe
Œufs de Pluvier en Aspic
Paniers Printaniers

Poulets froids   Langues   Jambon
Petits Pains farcis de Homard
Sandwiches assorties et Pain Bis
Asperges en Branches à l'Huile

ENTREMETS

Bretons Historiés
Gelées au Champagne et aux Fruits
Ananas Glacés au Vin Riolte
Macédoines de Fruit Glacé
. Pâtisserie Variée

12.

Menu de bal à Hatchland.

Souper du 3 juin 1890.

CHAUD

Consommé de Volaille
Côtelettes d'agneau à la Bergère
Poulets de printemps au Cresson

—

FROID

Saumon à la Parisienne
Filets de soles à la Cendrillon
Ballotines de chapon aux Truffes
Médaillons de volaille à la Pompadour
Mousses de foies gras à l'Isabelle
Chaudfroid de mauviettes à la Torelli
Mayonnaise de homard à l'Ermenonville
Poulets froids à la Gelée
Langues de jambon découpées
Sandwiches assorties
Petits pois à la Française
Asperges en branche, sauce Norvégienne

ENTREMETS

Gelées aux fruits et liqueurs
Macédoine de fruits au Champagne
Crème parisienne
Pâtisseries variées
Glace à l'orange, citron, fraise
Café glacé et Thé à la crème glacé

Noël en Ecosse.

GATEAU DE NOËL.

Bal de Christmas à Mount-Stuart.

Dans l'Ile de Bute, à cinq milles de Rothesay, se trouve un château admirable au milieu d'un grand parc, que baigne l'Océan, ce château est réputé comme le plus grand château du monde, sinon le plus somptueux. C'est dans ce palais que j'ai servi un *bal de Christmas* plutôt princier qu'un bal de serviteurs. Presque tous les fournisseurs de Londres y étaient venus,

ceux d'Édimbourg, de Cardiff et de Glasgow, j'avais
carte blanche pour que rien ne manquât. Le maître d'hôtel également.

Le marquis de Bute nous laissa les salons à notre
disposition et s'en alla passer quelques jours en voyage
pour ne pas nous troubler dans les apprêts de notre
bal. Les lettres d'invitations furent lancées, je partis
moi-même pour Édimbourg et Glasgow faire mes pro-
visions, nous avions trois jours pour nous préparer.

Nous étions cinq à la cuisine et deux extras que je
pris en plus ; tout alla pour le mieux. Le bal devait
s'ouvrir à dix heures du soir, à neuf heures tout était
dressé, il n'y avait plus qu'à continuer ; j'avais engagé
le propriétaire de *Queen Hôtel*, de Rothesay, et ancien
chef de la famille Rothschild, afin de venir me remplacer avec son personnel pendant la nuit du bal, ainsi que
pour s'occuper des rafraîchissements et servir les glaces. Les valets de pied étaient également remplacés par
des « extras » pour faire leur service, de sorte que tous
les serviteurs de la maison étaient libres au bal ; il y
avait tous les grands fermiers des alentours et les fournisseurs. Les toilettes des dames étaient fort belles et
gracieuses.

Seules, la femme de charge et les filles de service du
château étaient coiffées d'un bonnet, richement orné de
dentelle et de ruban aux couleurs de la maison, afin de
les reconnaître parmi les invités, ce qui se fait générale-
lement dans les grandes maisons ; ordinairement ce
sont le maître et la maîtresse de maison qui ouvrent le
bal en costume de chasse à courre (Hunting dress). Le
maître de maison est en habit rouge. A minuit le souper

fut servi, chacun emmena sa danseuse à table dans une salle décorée avec des cartouches de toutes couleurs, avec des inscriptions telles que : *Longue vie au marquis !* God save the queen ! Soyez les bienvenus ! etc., les armes des Stuart John, Patrick, Crickton Stuart, marquis de Bute, comte de Dumfries, baron de Cardiff, etc., etc., avec les armes différentes. La salle du souper était décorée de la même manière.

Menu de Souper.

Consommé chaud
Saumon sauce ravigotte
Pièce de bœuf salée — Rosbeef froid à la gelée
Jambon à la gelée — Dinde farcie à la gelée
Poulets et langues découpées
Galantine de volaille — Mayonnaise de homards
Petits pains à la Française
Breton, Babas Napolitains
Gelée à l'orange et Liqueurs
Crèmes variées
Pâtisseries assorties
Dessert
Glaces vanille et orange
Café et thé glacé

Le milieu de la table était tenu par un gâteau de bienvenue comme pour les baptêmes et mariages, de quarante-cinq centimètres de diamètre sur trente de hauteur sur un socle décoré de vingt centimètres de hauteur entouré à sa base par des bannières en soie à franges d'or et où étaient peintes les armes des Stuart. Sur la hauteur et sur le centre était plantée une bannière plus grande aux armes entières du marquis.

Ce gâteau n'est pas mangé à table, chacun en emporte un petit morceau après le bal, comme souvenir ; quant aux vins, c'était le Scherry et le Bordeaux ; mais ce qu'il y avait de plus beau, c'était sur la table garnie de fleurs, de grandes bouteilles majestueuses de Champagne aux armes du marquis. Chaque bouteille contenait quatre bouteilles ordinaires de champagne ; à la fin du souper, l'on but à la santé du noble amphitryon, à celle de la reine et de sa famille, etc., sans oublier non plus la santé des préparateurs et organisateurs de la fête.

Après le souper l'on dansa jusqu'au jour, et chaque invité emporta avec lui le doux souvenir du bal de Christmas du château de Mount-Stuart.

Un dîner de Noël en Angleterre en 1866.

Le temps passe vite, c'était dans les premiers temps où j'habitais l'Angleterre, ne sachant pas même me faire comprendre dans la langue du pays. Mais j'étais jeune, ardent au travail, et résolu de donner pleine satisfaction à tous ceux qui voulaient bien m'occuper.

Je fis la connaissance de M. Elmé Francatelli, qui devint un de mes meilleurs amis, ancien officier de bouche de la reine Victoria. Il me prit en affection dès mon arrivée à Londres et m'envoya passer les fêtes de Noël (ou Christmas) à Eaton Hall (Cheshire), résidence actuelle du duc de Westminster. C'était la première fois que je quittais Londres depuis mon arrivée ; je trouvais étrange que personne, sur le parcours de mon voyage, ne parlât français. Enfin M. Fort, le maître d'hôtel, vint me chercher à la station de Chester. Heureusement la femme de chambre, qui était Française, me servit d'interprète plusieurs fois par jour. Je montai aux ordres, et ma besogne se trouva toute tracée pour la semaine.

Vingt-quatre couverts pour déjeuner, luncheon et dîner à la table du maître, et cinquante serviteurs divisés en deux tables composaient le programme de ma besogne.

Tous les soirs, il y avait soirée dansante ou bien théâtre, dont les acteurs n'étaient autres que les gentilshommes du château, et dont la plupart des spectateurs étaient des invités d'alentour, fermiers, gens des écuries, enfin tous les serviteurs. Il y avait, après la représentation, un souper qui n'était pas l'acte le moins agréable de la pièce. Cette pièce, jouée en anglais, devait être assez drôle, car elle était intitulée l'*Oie de Noël,* et celui qui tenait le principal rôle était applaudi souvent. J'avais compris que tous s'amusaient, excepté moi.

Chaque soir, un souper était dressé pour tout ce monde. Chacun se chargeait d'y faire vraiment honneur. Il est inconcevable d'imaginer la quantité de viande que l'on consomme dans ce pays.

Voilà pour le déjeuner des domestiques, servi dans le *servants hall,* où tous les serviteurs en livrée et filles de chambre mangent ensemble, quoique à hiérarchique distance des premiers serviteurs, tels que le maître d'hôtel, la femme de charge, la femme de chambre, officier d'annonce, valets de chambre, couturière et autres invités spécialement. Cette table était servie par un domestique en livrée et qui s'appelle le *teward room-boy.* Elle se composait (à 8 heures du matin) de :

1º Une grande *pièce de bœuf salé* ou *rosbef froid* ; 2º cinquante livres à peu près d'un énorme *pâté de lapin* ; 3º d'un *jambon*. Comme chaud, plus des œufs, du lard fumé et du poisson grillé.

Le déjeuner des premiers domestiques (8 h. 1/4) comportait :

1º Un *rosbeef à la gelée* ; 2º un *jambon* ; 3º une *galantine de volaille* ; 4º un *poulet froid*, plus *langue*, *pâté de gibier*, *terrine de foie gras*, le tout garni de gelée et dressé sur une table à part. Comme chaud, *poisson grillé* ou *frit*, *côtelettes* ou *poulet grillé*, *saucisses*, *œufs* et *lard fumé*, etc...

Le déjeuner des maîtres (9 h., en buffet) comportait :

Rosbeef, jambon, pâté de gibier, terrine de foie gras, galantine, buisson de crevettes, faisans rôtis, poulet et langue, le tout dressé avec de la gelée. Cette table reste servie jusqu'après le lunch. Quant au *chaud*, c'est toujours du *poisson frit* ou *grillé*, *côtelettes*, *rognons brochette*, *poulet* ou *grouse grillés* ou *sautés*, *œufs* de tous genres, *lard fumé*, etc.

Au dîner de 1 heure, pour les serviteurs :

Une *pièce de rosbeef, dinde rôtie, oie, légumes*, le *plum-pudding* traditionnel, *minces-pies*, *gelées*, *fruits*, sans compter, pour ce jour-là, vins et liqueurs à profusion, etc.

Tout le monde se réjouit beaucoup en pleine liberté. Pour ces jours de fêtes, les salles sont décorées de guirlandes de verdure et de fleurs par le maître jardinier. Des cartouches sont apposés avec les armes de la maison, sans oublier le fameux *bouquet de gui* pendant au-dessus des portes. Lorsqu'une jeune fille passe dessous, le spectateur a le droit de l'embrasser. S'il se trouve auprès d'elle à ce moment, la permission dure jusqu'au lendemain du jour de l'an.

Voilà bien des plaisirs variés et fort agréables pour tout le monde..., excepté peut-être pour les artistes de la cuisine retenus à leur devoir jour et nuit...

A ce point de vue, les fêtes de Noël en Angleterre ont leur inconvénient.

Mais n'est-ce pas un peu toujours ainsi, dans la vie ? Et le plaisir des uns n'est-il pas presque toujours une cause de labeur pour les autres ?

Loin de m'en plaindre, pour ma part je n'ai pas moins conservé un excellent souvenir du fatigant Noël de 1866.

Médaillon de Faisan à la Courtyralla.

Lorsque vous avez des restes de faisan rôti, prenez-en les chairs qui restent après les os, pilez-les en y joignant le cinquième du volume de foie gras. En pilant ces chairs, ajoutez un peu de sauce chaudfroid un peu collée, assaisonnez bien. Passez le tout au tamis fin, ensuite remettez l'appareil dans une casserole et tenez dans de l'eau tiède.

Huilez des moules à côtelettes ou de forme de médaillon, les remplir de cette purée et les tenir sur glace pour les faire refroidir. Les démouler ensuite et les napper avec une sauce chaudfroid ou fumet de faisan.

Ayez un fond de riz taillé pour pouvoir les dresser autour d'une salade de légumes à l'italienne, ou d'un buisson de truffes dressées dans une petite coupe dont le pied sert à soutenir les médaillons.

On peut aussi décorer les médaillons avec de la truffe ou des blancs d'œufs pochés.

13

Lorsque ce plat est dressé, entourez les médaillons d'un léger filet de gelée finement hachée au moyen d'un cornet et croûtonnez le tour du plat.

Pain de Volaille aux petits Pois.

Recette. — Levez les filets d'une bonne poule, les énerver et les piler dans un mortier : lorsque la chair devient maniable comme du beurre, lui ajouter le quart de son poids de beurre bien frais, et piler cette farce de nouveau jusqu'à ce que le beurre soit bien mêlé, ensuite lui ajouter un œuf entier, sel, poivre et un peu de muscade ; passez cette farce au tamis fin, la mettre ensuite dans une casserole ou une terrine afin de pouvoir la manipuler, pour la monter avec de la crème double fouettée ; emplir vos moules et les faire pocher au bain-marie en ayant soin toutefois que l'eau ne bouille pas ; les démouler sur un plat et garnir le puits avec des petits pois ou autre garniture ; nappez avec une sauce votre entrée et envoyez une saucière de sauce.

Avec vos débris, carcasse, préparez un jus qui doit vous servir pour faire votre sauce que vous finissez avec un peu de crème.

Mousse de Gibier à la Piémontaise.

Les mousses se font ordinairement avec les restes ou les chairs qui restent après les os ou carcasse de gibier qui ont déjà été présentés sur la table le jour d'un grand dîner ; l'on peut donc utiliser ce gibier pour en former un charmant plat froid et qui peut remplacer soit une entrée ou même un second rôt.

Prenez les viandes ou débris soit de plusieurs perdreaux, faisans, etc. ; détachez les viandes des os et
pilez-les. Lorsque les viandes sont bien pilées, ajouter
une ou deux bonnes cuillerées de sauce réduite ou
fumet de gibier et un peu d'aspic assez collé. Passez le
tout au tamis fin et finissez de monter cet appareil à la
crème fouettée. Chemisez à la gelée un moule conique
ou à bombe ; la décorer avec de belles truffes blanches
du Piémont, comme la dessin le marque (ou tout
autre) ; ensuite préparez une petite salade de truffes que
vous mettez macérer dans le vin blanc, la veille, assaisonné de bon goût. Lorsque votre moule est décoré et
chemisé, mettez-y votre appareil à mousse en laissant
un puits pour y mettre votre petite salade de truffes ; la
recouvrir avec de l'appareil jusqu'au bord et le laisser
à la glace jusque l'instant de le servir ; ensuite le démouler sur un plat et l'entourer de petits croûtons de gelée.

MOUSSE DE GIBIER A LA PIÉMONTAISE

TABLE DE SOUPER DE BAL

(Exposition culinaire de 1892 — Grand Prix)

MENU

Médaillons de Truites.
Filets de Sole à la Cendrillon.
Chaudfroid de Mauviettes à la Bohémienne.
Filets de Volaille à la Comtesse.
Salade de Crevettes.

—

HUITIÈME PARTIE

I

POÈMES ET FANTAISIES

dédiés à l'auteur

PAR

Louis FAURE

.

II

LA CRÊPE

Poésie de Achille OZANNE

Menu de Baptême.

Crème de volaille
Consommé aux quenelles en surprise
Beurre   Radis
Bouquet de crevettes, Caviar
Truite saumonée sauce Hollandaise et Gênevoise
Bouchées aux Huîtres
Salmis de Perdreaux aux Truffes
Timbale à la Milanaise
Aspic de homard Mayonnaise
Punch à la Romaine
Faisans de Bohème truffés flanqués de Mauviettes
Canetons de Rouen rôtis
Buisson d'écrevisses
Fonds d'artichauts glacés au Madère
Cardons à la Moelle
Gelée de fruits au Marasquin
Baba glacé au Rhum
Bombe prâlinée, Vanille
Parfait au café. Pièce montée et attributs

Vins
Mâcon, Chablis, Madère
Beaujolais, Saint-Julien, Corton 1866
Champagne

Quenelles en surprises.

Ayez de la farce de volaille montée à la crème, emplissez des petits moules dits œufs de pluviers, laissant un vide intérieurement pour les garnir d'une petite brunoise, les recouvrir en ayant bien soin de les souder, les faire pocher doucement et les mettre dans le consommé au dernier moment.

Les Mets simples.

Puisque la mode aujourd'hui règne
De versifier les menus ;
Que de par Ozanne on enseigne
A faire un vol-au-vent au jus :

Puisque la Muse réfractaire
Ne veut plus monter aux sommets
Et que, gourmande, elle préfère.
Mettre en poèmes les grands mets,

Allons à l'unisson des choses :
Soleil ? Printemps ?... Il n'en faut plus.
Dans un salmis mettons des roses,
L'amour, et des vers par dessus !

Ce salmis, amis, je vous l'offre,
Non de fait, mais d'intentions.
C'est bien moins cher, et puis mon « coffre »
Aura moins de pulsations.

C'est un mets des dieux, je l'assure,
Dont ma prose va vous mander
La façon, le poids, la mesure,
Et les fonds pour l'accommoder,

En réclamant votre indulgence
Pour le praticien de l'Art
Qui veut affirmer sa science
Par des pommes de terre au lard.

Pommes de terre au Lard.

Une livre de lard de poitrine à demi-sel, blanchir
cinq minutes, bien égoutter et essuyer. Faire prendre
couleur avec cinq ou six oignons gros comme de petites noix ; singer légèrement et laisser cuire la farine,
en remuant, quelques secondes. Mouiller à point, assez

largement, avec du fonds léger ou du petit consommé ;
garnir d'un bouquet et d'une légère gousse d'ail, poivre
frais moulu. A côté, une trentaine de pommes de terre
Vitelotte ou de petites Hollande — non de celles pous-
sées dans les gadoues des environs de Paris, qui se
déforment à la cuisson, mais de celles provenant des
terrains sablonneux et maigres. Cela est peut-être plus
difficile à trouver que la truffe, soi-disant du Périgord,
mais enfin, cela est une question de oui ou de non pour
la réussite de mon plat. Ces pommes de terre devront
être sautées au beurre puis lancées (selon l'expression
de feu le baron Brice) à demi-cuites et bien colorées
dans le ragoût. Ajouter une bonne cuillerée de bonne
tomate et laisser mijoter une demi-heure. Dégraisser,
dresser le lard, les pommes dessus, passer la sauce au
chinois.

Une autre fois je vous raconterai ma recette des
haricots rouges à l'étuvée. Tous ces mets sont bien
ordinaires, mais quand ils sont bien faits, ils en valent
bien d'autres plus prétentieux.

La Fricassée de Poulet.

Nous tentons de ressusciter,
En des formes élémentaires,
La façon de confectionner
Nos vieux mets les plus populaires.

Pour vous, jeunes gens studieux,
Je décris ces plats débonnaires ;
Ils ont enchanté nos aïeux :
Serez-vous plus qu'eux réfractaires?

Le poulet demi-gras, tendre, vidé, flambé, parer les
ailerons, le cou séparé de la tête, les pattes, puis le

13.

découper ; enlever les ailes, les cuisses, enlever les ailerons et les pattes à la première jointure ; trancher l'estomac, dans le sens de sa longueur, pour le séparer du dos et des reins ; parer les uns et les autres, après avoir enlevé les poumons et le sang coagulé dans ces dernières parties.

Il est presque inutile d'ajouter qu'il faut laver les membres de votre poulet et le laisser dégorger une heure ou deux.

Le blanchissage des viandes blanches est essentiel, parce qu'il ne s'attaque pas à l'arôme même de la viande ; il la dégage surtout de certaines impuretés ; il la blanchit et il permet, après rafraîchissement, de la nettoyer et d'assurer à la cuisson un fond clair et franc de goût.

Donc, après avoir blanchi, rafraîchi, essuyé les membres de votre poulet, les mettre dans une casserole, couverts d'eau, sur un feu vif jusqu'à la première ébullition ; écumer ; garnir : sel, gros poivre, bouquet, oignons et carottes taillés minces, une petite gousse d'ail et deux clous de girofle ; laisser bouillir doucement sur le coin, comme une petite marmite, jusqu'à parfaite cuisson.

Sauce. — La sauce, dont je vais vous donner la formule, n'est pas une sauce savante de réduction, elle est courante, et quiconque a quelques connaissances en cuisine, peut la confectionner avec l'intelligence et le soin que demande toute préparation culinaire. D'ailleurs, j'écris surtout ces lignes pour les commençants désireux de joindre à la qualité des produits l'économie, l'ordre, la méthode, principes qui ne savent sortir que de certains détails minutieusement indiqués. Ceci dit, mettre dans une casserole 50 à 60 grammes de beurre fin, 45 grammes de farine ; laisser blondir doucement ; mouiller, petit à petit, avec une partie de votre fond de poulet ; finir avec de la cuisson de champignons.

Jusqu'à consistance voulue, laisser dépouiller une demi-heure sur le coin du fourneau.

Liaison. — Dans une terrine, 4 à 5 jaunes, 30 grammes de beurre fin ; verser doucement la sauce sur vos jaunes, en remuant avec un fouet ou une cuiller de bois ; remettre dans une casserole propre, en plein feu, et faire partir en remuant ferme ; passer à l'étamine. L'opération terminée, vous n'avez plus qu'à égoutter à fond votre poulet, en ranger les membres dans un sautoir haut de bords, champignons et oignons ; saucer largement ; laisser mijoter quelques minutes, puis servir sur plat chaud.

Cuisson des Champignons.

Pour un kilogramme de champignons (fond blanc ou gris), en tous les cas fermes et frais, laver, couper les queues, tourner ou canneler les têtes et les mettre à mesure dans une terrine d'eau acidulée avec un filet de vinaigre. Mettre sur un feu très vif une casserole mince, 3 décilitres d'eau, 100 grammes de beurre, le jus d'un citron et demi, sel. A l'ébullition, jeter vos champignons bien égouttés dans la cuisson. Au premier grand bouillon, les verser dans une terrine et les couvrir d'un papier beurré.

Petits Oignons au blanc.

Oignons de la même grosseur : blanchir dix minutes ; les finir de cuire doucement dans un fond blanc (bouillon ou jus léger).

Le Gigot à l'Yonnaise.

A Mme L. G.

Nous t'attendions tous, aujourd'hui, le vingtième
Du mois, et le gigot rôtissait dans le four
Fortement mariné, avec au moins dixième
De son poids d'ail nouveau piqué tout alentour.

Il jaunissait galment, sous la chaude flambée
D'un feu clair de bois sec, arrosé grassement
D'huile vierge de noix, légèrement ambrée,
Et d'une marinade au fumet de vin blanc.

Mais tu n'es pas venue, hélas ! à cette fête
Que t'avait préparée une douce amitié...
Le rôti fut manqué ! puis Mary fit « sa tête »
Et... laissa dessécher la « souris » sans pitié...

Qui t'étais destinée, ô chère insouciante !
Car tu le sais, jadis, nous nous la partagions...
N'as-tu pas préféré quelque image troublante,
A ce gigot doré, piqué d'illusions ?...

. . . .

Cœurs honnètes, aimants, laissez, laissez encore
L'avenir vous sourire et l'amour vous charmer.
Vous êtes au printemps, vous êtes à l'aurore,
L'hiver est disparu, c'est la saison d'aimer.

10 février 1893.

L. F.

Recette. — Ce gigot, bien préparé, est exquis, nous ne parlons ici que pour les appréciateurs de mets de haut goût, et, pour sortir un peu, aussi, des potages au lait d'amandes, des farces toujours montées à la crème et d'autres mets plus débilitants les uns que les autres. Notre gigot ne doit pas être originaire du pays que vous savez, où le mouton sent la laine et la choucroute, où les lièvres sentent le chien de siège. Vous avez le choix dans notre cher pays de France, entre le pré-salé de la Manche et les gigots de la Picardie ou de la Champagne.

Donc, votre gigot raccourci et paré, piquez-le, ail perdu, de fines gousses effilées comme des amandes à nougat, dessus, dessous, partout où votre couteau d'office trouvera à mordre. Cette opération terminée, couchez-le dans un plat creux et arrosez-le de la marinade suivante : oignons et carottes émincés, thym, laurier, persil, basilic (1), poivre en grain, sel, un verre de vin blanc de Chablis et un demi-décilitre d'huile vierge de noix.

Cette huile est celle qui a été obtenue à froid sans que les noix soient grillées au préalable. Laissez mariner une nuit, pendant laquelle le travail mystérieux se fera.

En effet, le matin, quand débarrassé de ses aromates vous le mettrez au four, vous lui trouverez un petit air guilleret et satisfait, ce qui vous expliquera que ce brave gigot n'a pas perdu son temps, en compagnie de tous ces condiments, dont on lui avait imposé la promiscuité. Une heure de cuisson. Servez chaud, accompagné de son fond, passé et dégraissé attentivement.

Louis FAURE.

(1) O Basilic !... parfum culinaire si apprécié de nos pères, si délaissé aujourd'hui, je te salue ! Je salue en toi l'essence que tu dégages et que tu communiques aux mets. Tu n'as pas l'ardeur de l'estragon, l'odeur vireuse de la ciboule, le goût d'insecte de la pimprenelle, ton odeur est douce et pure et fait rêver à ces jeunes filles qui te cultivaient sur leur humble fenêtre. Jennys ouvrières du passé, qu'êtes-vous devenues ? Où sont les neiges d'antan ?

La Crêpe.

Le beurre en la poêle pétille.
La crêpe s'étale aisément,
Ronde comme l'astre qui brille,
Le soir, au fond du firmament...

Lorsque dans sa pâleur d'aurore,
Devant l'âtre au reflet vermeil,
Des deux côtés on la co'ore,
Elle prend les tons du soleil !

Je vais écrire la recette
De ce joyeux mets de saison,
Tâchant, pour la rendre complete,
D'unir la rime à la raison.

RECETTE

D'un bon demi-kilo d'excellente farine
Vous formez un bassin au fond d'une terrine,
Au mi'ieu vous mettez un peu de sel, quatre œufs,
Du beurre un peu fondu pour donner le moelleux,
Un peu de lait encor. Et puis, en toute hâte,
La spatule à la main, vous travaillez la pâte
Jusqu'au moment où lisse, avec soin l'on y joint
Du lait tout doucement pour la finir à point.
Aiors, por que la crêpe aisément se digère,
La cuisson la rendra croustillante et légère.

Vivement il faut procéder,
Aussitôt à la crêpe cuite,
Une autre, puis d'autres ensuite
Sans cesse doivent succéder.

Chaque invité « saute » la sienne,
C'est la gaîté jointe au régal.
On fête la coutume ancienne
Que ramène le carnaval !

Fêtons-la donc comme nos pères,
Aux rires mêlons nos chansons,
Et que de joyeux échansons
De bons vins remplissent nos verres !

. . . .

Le beurre en la poêle pétille,
La crêpe s'étale aisément,
Ronde comme l'astre qui brille,
Le soir, au fond du firmament...

Paris, février 1890.   Achille Ozanne.

SUPPLÉMENT

Auguste **HÉLIE**

———

TRAITÉ

DES

HORS - D'ŒUVRE

ET

Savoureux

HORS-D'ŒUVRE

ET

SAVOUREUX

—————

Petits Savory (Savoureux).

Il y a plusieurs sortes de hors-d'œuvre, ceux que l'on sert avant le repas et ceux qui se servent après les entremets sucrés.

Ceux-ci se nomment, en Angleterre, des *savory*. Ils sont représentés comme relevé des plats de douceur. Ces savory sont de petites bouchées friandes, mais très relevées et épicées, qui facilitent la digestion et, en même temps, excitent à boire le Champagne ou autres vins fins de table que l'on sert à la fin d'un repas.

Afin de rendre ce nom plus familier aux oreilles françaises, je le traduirai par le mot *Savoureux*. Il faut pas croire que les recettes en sont des plus aisées le plus souvent.

On ne saurait croire, en effet, que c'est peut-être ce mets qui représente le plus de tracas dans l'organisation d'un grand dîner. On a servi tel ou tel, bon nombre de fois et souvent, on oublie les plus jolis et ceux qui font le meilleur effet, parce que l'on a la tête préoccupée du dîner seulement.

Comme ces petits savory ne passent qu'à la fin, on se dit : nous avons du temps. Mais le temps se passe, puis l'on est bientôt à chercher ce qu'il faut présenter. Alors on se précipite et l'on sert quelque chose de vite expédié et que l'on a donné cent fois.

Qu'on en mange ou que l'on n'en mange pas, cela est égal. Si c'est quelque chose de nouveau, presque tous les convives y goûteront, ne serait-ce que par curio- sité. Voilà donc la curiosité qui s'en mêle.

Un jour, j'étais allé voir un de mes amis qui avait un grand dîner. J'arrivai presque à la fin. Il y avait là deux autres amis, comme moi, qui regardaient servir. C'était le tour des *savory*.

L'un de nous dit, en les voyant partir :

— Quel joli savory vous envoyez là ! Comment le nommez-vous ?

Le chef lui répondit :

— Demandez à notre ami, en me désignant, c'est lui qui me les fit le premier.

C'était la recette d'un chef indou, auquel je la devais.

— Goûtez, c'est excellent, dis-je, seulement tout le monde n'aimerait pas cela.

C'est un mélange de *Curry* et de *Mangue* au *Coco* adapté à une farce, soit de poisson ou de viande.

Un des assistants me confia que sa maîtresse de maison était très friande de ces petits mets relevés, mais alors variés.

Lorsque vous avez un grand dîner, vous servez ces petits savory sur de petites corbeilles ou petits paniers, que vous faites en pâte d'office et que vous décorez, soit avec de la pâte à nouille ou une pâte anglaise. Vous préparez ces petits tambours à temps perdu. Vous les serrez dans un endroit sec, et enveloppez lorsque vous en avez besoin pour les trouver tout prêts.

Les Savoureux et leur recette.

Comme je l'ai dit, ces mets minuscules sont plutôt pour terminer un bon repas et en accélérer la digestion, comme par exemple les fromages.

Du reste, parmi ces *savoureux,* beaucoup sont confectionnés avec une partie de fromages de plusieurs sortes.

Nous commencerons donc par la catégorie des fromages, tout en alternant avec d'autres espèces en même temps pour ne pas rester sur le même goût.

Nous en dresserons une liste afin que l'on puisse choisir, à tout événement possible, de toutes les sortes et de tous les goûts...

Attereaux à la Royale.

Faites cuire de la semoule au lait pas trop serrée, comme de la frangipane. assaisonnez, sel, poivre et un morceau de beurre ; lorsque votre semoule est cuite, mêlez-y un quart de parmesan râpé et un peu de cayenne, étalez cette bouillie sur un plafond d'office ou sur un marbre de manière à la laisser refroidir le plus vite possible et qu'elle n'ait pas plus d'un demi-centimètre d'épaisseur ; coupez avec un coupe-pâte des petits ronds de la grandeur d'une pièce de cinquante centimes, et coupez aussi sur des tranches de fromage de gruyère de pareils petits ronds ; lorsque vous en

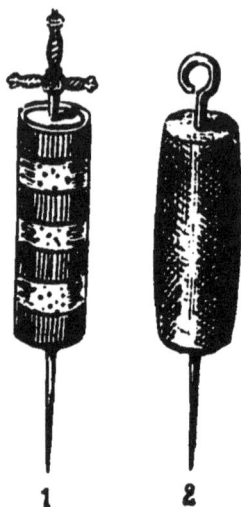

LÉGENDE :

1. Attereaux avant d'avoir été pannés. — 2. Attereaux après avoir été frits.

ATTEREAUX A LA ROYALE, DRESSÉS

avez en assez grande quantité des deux sortes, prenez des petits attelets en fer ou en métal et même en argent, si vous pouvez en avoir, piquez votre petit attelet au milieu d'un rond de semoule, poussez-le jusqu'à la tête de votre attelet, prenez et piquez un rond de fromage en faisant bien attention de ne pas le fendre, poussez également près d'un rond de semoule, conti-

nuez ainsi en alternant un rond de semoule, un rond de
fromage, excepté que le dernier, aussi bien que le premier, doit être un rond de semoule pour soutenir le fromage ; passez ces petits attereaux à l'œuf battu et
ensuite à la mie de pain fraîche deux fois de suite, faites-les frire à bonne friture, les égoutter ensuite et
piquer vos attereaux sur une croustade de pain frit
formant coupe, garnissez de persil frit et servez aussitôt ; semez par-dessus un peu de sel mêlé à un peu de
cayenne au moment de partir.

Petites Marquises au Parmesan.

Foncez des petites tartelettes de pâte très fine,
emplissez-les à moitié de leur hauteur d'une béchamel
bien crémeuse dans laquelle vous y aurez ajouté une
bonne poignée de parmesan râpé et une pincée de
cayenne ; couvrez légèrement ces petites tartelettes
avec de la pâte à choux très fine, mais juste au bas,
semez également par-dessus du fromage râpé.

Poussez-les au four assez chaud de manière que vos
tartelettes ne soufflent pas ; après la cuisson, démoulez-les et servez sur un petit panier que vous aurez
préparé à l'avance.

Ces sortes de petits paniers sont très faciles d'exécu-
tion : avec de la pâte d'office, l'on peut faire toutes
espèces de choses. Ces paniers doivent être habillés et
décorés, soit avec de la pâte à nouille ou avec de la
pâte anglaise ; surtout avec un peu de goût et à temps
perdu, l'on peut arriver à faire quelque chose de très

14

bien. Vous décorez donc ces paniers ou ces vases avec des feuillages, fleurs, guirlandes, etc., très légères, de manière que votre décor ne soit pas trop lourd et ne cache pas les petits savoury que vous voulez dresser dessus.

Pailles au Parmesan.

Prenez le quart d'un pâton de feuilletage à 4 tours ou, si vous voulez mieux, détrempez un quart de farine pour feuilletage, un quart de beurre, conduisez-le à 4 tours, ce qui revient au même ; ayez du fromage de parmesan râpé : semez sur le marbre du parmesan en lieu et place de farine pour tourner votre feuilletage, de manière à en faire entrer pas mal dedans le feuilletage, ainsi qu'une pincée de cayenne que vous additionnez au fromage. Lorsque vous avez donné 6 tours en plus des 4 tours précédents, laissez-le reposer quelques minutes, ensuite abaissez votre pâte très mince, de manière à en faire des bandes de 10 à 12 centimètres de largeur. Coupez vos petites pailles sur la largeur de la grosseur d'un petit macaroni, placez-les sur une plaque légèrement beurrée comme pour les allumettes, poussez-les au four après les avoir fait reposer quelque temps, de manière que les pailles ne se retirent pas par la cuisson. Ensuite dressez-les sur serviette ou sur un petit tambour décoré en pâte à nouille du même genre que les paniers ou coupes comme modèles : il peut y en avoir à l'infini selon le goût artistique de celui qui doit le faire, je vous donne un petit modèle, pour n'embarrasser personne, très simple et charmant à présenter aux convives et, comme les autres, ils peuvent aussi se conserver à l'infini.

Confectionnez un petit tambour sur un moule (croûte de pâté chaud) ou si vous aimez mieux faites faire des mandrins en bois en forme de poulie, ce qui est très

facile à habiller et décorer, et cela vous en avez pour longtemps. Lorsque votre tambour est prêt, faites avec deux bandes de pâte sèche ou même en carton que vous habillez également, le dessus avec quelques fleurs et feuillages ainsi que les bords de côté, cela représente deux petits crochets de commissionnaire à côté l'un de l'autre ; lorsqu'il est terminé, vous le collez au repair sur votre tambour et dressez vos petites pailles de chaque côté autant que possible.

Crème frite au Gruyère.

Faites une bonne béchamel crémeuse et assez serrée. Ajoutez-y, lorsqu'elle est cuite, le tiers de son volume de fromage de gruyère râpé et une pincée de cayenne, renversez votre crème sur un plafond d'office dans lequel vous aurez mis un papier légèrement huilé et que la crème se trouve égalisée de la même épaisseur alors qu'elle est froide, saupoudrez de mie de pain mêlée d'un peu de farine le tour ou un marbre, renversez votre crème, enlevez-en le fond de papier, coupez des ronds avec un coupe-pâte de 2 centimètres 1/2 de diamètre, panez ces ronds à l'œuf battu; essayez-en un dans la friture chaude; s'il était par trop délicat, vous le paneriez deux fois, ce qui est le plus sûr.

Quelques minutes avant de servir, faites frire à grande friture et qu'elles soient de belle couleur. Servez sur serviette ou sur petit tambour entouré de persil frit.

Petits Cocons Printaniers.

Prenez un bon Camembert bien fait, nettoyez-le bien, de manière qu'il ne reste que l'intérieur, passez-le au tamis ensuite, mettez le tiers de son volume de beurre fin, deux cuillerées de farine et une cuillerée de crème de riz, mêlez le tout ensemble et mouillez avec un peu de lait et de la crème; salez, poivrez, ajoutez-y une pincée de cayenne, tournez cet appareil sur le feu jusqu'à ce qu'il ait la consistance d'une frangipane, faites refroidir cet appareil soit sur un marbre ou sur une plaque d'office.

Lorsqu'il est complètement refroidi et maniable à la main, formez-en des petites boulettes égales à des cocons de soie. Panez-les deux fois de suite à l'œuf

battu et faites frire à friture chaude, dressez-les ensuite
sur un petit panier que vous aurez préparé à l'avance.

Ces petits paniers sont d'une grande utilité lorsque
vous avez un diner tant soit peu compliqué, vous. les
faites en pâte d'office et les décorez soit avec de la pâte
à nouille ou de la pâte anglaise, soit avec du feuillage

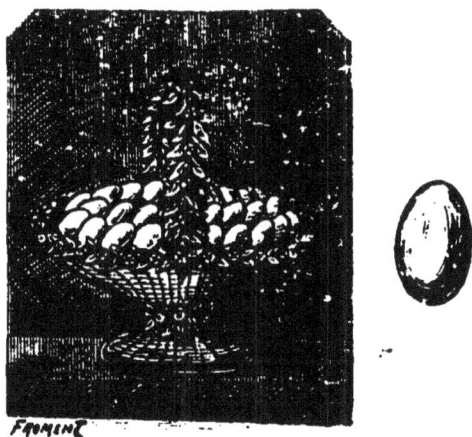

ou des petites fleurs, guirlandes, etc., selon le goût de
la personne qui habille le panier. Comme ces paniers
peuvent servir plusieurs fois, ce n'est pas difficile de
les faire d'avance et à temps perdu ; lorsqu'ils sont ter-
minés, vous pouvez les mettre dans un endroit sec et
recouvert, ou bien dans une boîte en carton pour empêcher la poussière de les détériorer.

Allumettes au Parmesan.

Prenez 125 gr. de farine que vous mettez sur le tour

11.

avec 125 gr. de beurre et 125 gr. de parmesan râpé,
sel, poivre et une pincée de cayenne, une cuillerée de
crème double. Mêlez le tout ensemble sans trop tra-
vailler cette pâte, la laisser reposer quelques minutes,
étalez-la ensuite avec le rouleau en bandes très minces
de 7 à 8 centimètres de largeur ; ayez soin aussi que la
bande soit uniformément de la même épaisseur. Coupez vos allumettes de la même grosseur et placez-les
sur une plaque légèrement beurrée. Poussez votre plaque au four assez chaud quelques minutes seulement,
car c'est si petit que la cuisson se trouve vite finie.
Ayez soin aussi que les allumettes soient plutôt d'un
blond pâle que colorées, car lorsque la couleur domine,
l'allumette est amère et n'est pas mangeable. Aussitôt
sorties du four, les détacher et les enlever aussitôt de
la plaque et les dresser soit sur serviette ou sur un
panier ou une coupe, selon ce que vous aurez sous
votre main.

Lorsque vous êtes pour vous en servir, de nouveau
rafraîchissez-les, s'ils en ont besoin, avec un pinceau
trempé dans un jaune d'œuf battu, mêlé à un peu de
glace de viande fondue.

Petits Éclairs au Fromage.

Couchez de petits éclairs au fromage sur une plaque
beurrée légèrement, les dorer et les pousser au four.
Lorsqu'ils sont cuits, faites une crème-pâtissière dans
laquelle vous ajoutez du fromage de parmesan râpé et
un peu de cayenne ; lorsque vos éclairs sont cuits et
froids, emplissez-les de cette crème et les replacer sur

la plaque quelques minutes ; avant de servir, poussez-les au four et dressez-les ensuite sur un petit tambour apprêté d'avance.

Choux à la Crème au Fromage.

Couchez sur une plaque des choux de moyenne grandeur et les cuire comme il est indiqué, les laisser refroidir après cuisson. Avec un petit couteau d'office, faire à chaque choux une ouverture circulaire d'un tiers de sa hauteur, retournez le morceau enlevé, de manière que le chou présente une cavité ; ayez de la crème fouettée bien ferme, mêlez-y du parmesan râpé et un peu de cayenne, emplissez vos choux et servez sur serviette ou sur tambour.

Briquette glacée au Fromage.

Il faut prendre bien des précautions en faisant ces sortes de glace ; comme il y a absence de sucre et de liqueur, il faut compter très peu de temps pour que l'appareil se congèle.

Prenez 6 jaunes d'œufs ou plus, si vous avez plus de monde à table : battez vos jaunes avec une cuiller de bois ou un fouet. Mouillez ces jaunes avec un demi-litre de lait, prenez cet appareil sur le feu comme une anglaise à bavaroise. Mélangez ensuite à cet appareil une bonne poignée de parmesan râpé et autant de gruyère, l'assaisonner de bon goût sans en oublier le cayenne ; lorsqu'il est froid, passez au tamis fin ou à l'étamine, mettre l'appareil dans une sorbetière san-

glée d'avance, remuer la crème au moyen d'une spatule
jusqu'à ce que l'appareil devienne assez solide pour lui
incorporer de la crème fouettée que vous mettez par
petite quantité à la fois en travaillant la glace, sans quoi
la crème se grènerait en tombant. Ayez des moules à
brique que vous emplissez, les mettre à la glace san-
glée légèrement, une bonne demi-heure, c'est assez,
sans quoi cela deviendrait trop ferme ; ensuite démoulez vos briques en les séparant sur toute la longueur,
de manière à avoir un petit carré pour chaque personne,
les dresser sur un plat froid garni d'une serviette ou
sur un petit tambour de glace d'eau, comme il plaira.

L'on obtient ces sortes de tambour en emplissant de
glace pilée très fine et lavée, soit un moule uni plat à
biscuit dit à manqué, ou un moule en bordure ; lorsque
votre moule est plein de glace pilée, finissez d'emplir le
vide avec de l'eau et un peu de lait, fermez hermétiquement votre moule avec un couvercle de casserole en le
luttant avec du beurre ou de la graisse pour ne pas que
l'eau de sel entre dans votre moule ; sanglez votre
moule pendant au moins une heure et demie ; lorsque
vous serez pour servir, enlevez votre moule, passez-le
à l'eau froide et démoulez-le sur serviette.

Dressez ensuite vos petites briquettes dessus.

Petits Soufflés d'Égrefin fumés.

Foncez de petits moules à tartelette avec une pâte
très fine (pâte brisée), remplir vos petites tartelettes de
riz et les cuire au four pas par trop chaud. Lorsqu'elles
sont cuites, les nettoyer en ôtant le riz. D'une autre

part, faites une petite farce de merlans et moitié égrefin
fumé, salez, poivrez, ajoutez-y un petit morceau de
beurre lorsque votre farce est bien pilée, passez-la au
tamis fin et montez-la à la crème fouettée, de manière
qu'elle soit bien légère. Mêlez-y une bonne pincée de
cayenne : par le moyen d'une poche ou d'un cornet de
papier, couchez votre farce dans vos petites tartelettes,
de manière à en former une petite fanchonnette, c'est-
à-dire en forme conique gradiné, les pousser au four
un moment avant de servir, juste le moment de les
pocher, les servir ensuite sur croustade ou panier et
même sur serviette, selon l'urgence du dîner.

Condés au Fromage.

Faites un appareil dans une terrine composé de 3 ou
4 jaunes d'œufs mêlés à un peu de crème ; ajoutez-y un
petit morceau de beurre, du fromage de Parmesan et
du Gruyère râpé de manière à en faire un appareil
assez consistant ; d'un autre côté, prenez des rognures
de feuilletage, faites-en une abaisse carrée, très mince,
étendez dessus votre appareil de fromage d'une couche
égale, semez-y encore par-dessus un peu de Parmesan
râpé et coupez-les en petits carrés longs que vous placez sur une plaque, poussez à four chaud et dressez
après leur cuisson sur serviette ou sur tambour.

Canapés d'Anchois aux Crevettes.

Coupez dans un pain de mie de petits ronds de 4
centimètres de diamètre, les faire frire au beurre, les

garnir par-dessus d'une purée de beurre d'anchois ;
semez dessus mi-partie de blancs d'œufs cuits durs,
hachés, et l'autre de jaunes, en séparer la couleur par
un petit rang de crevettes épluchées et superposées à
cheval les unes sur les autres. Dressez sur serviette et
entourez de persil frais.

Diablotins au Fromage.

Puisque nous sommes sur la pâte à choux au fromage, nous finirons la série variée de cette pâte comme
ci-dessus, préparez une pâte à choux, un peu moins de
cayenne dans celle-ci. Mettre votre pâte dans une
poche à pâtisserie munie d'une douille cannelée. Ayez
une poële de saindoux prête à frire. Pressez votre
poche d'une main pour en faire sortir la pâte ; avec
l'autre main, coupez avec un petit couteau à mesure
que la pâte passe, de sorte que vos coupures tombent
dans la friture, remuez-les avec un attelet ou l'écumoir :
lorsqu'ils sont cuits et d'une belle couleur, servez sur
serviette en saupoudrant de parmesan râpé ; cela doit
se servir très chaud.

Petites Bouchées de Laitances à la Diable.

Faites de petites bouchées dans un morceau de
feuilletage à 6 tours ; détaillez-les le plus petit possible
et tenez-les au chaud après cuisson ; d'une autre part,
prenez quelques laitances de maquereaux, les mettre à
l'eau fraîche pour les dégorger un peu, ensuite les
pocher à l'eau de sel, les égoutter sur un linge, les

séparer en plusieurs parties. Ayez une bonne sauce de poisson réduite dans laquelle vous aurez ajouté un morceau de beurre, une petite pincée de cayenne et une cuillerée de Worcester (sauce anglaise), mêlez-y vos laitances et garnissez vos petites bouchées que vous dressez sur tambour ou sur serviette.

Petites Pignattes à la Niçoise.

Prenez 6 œufs bien frais, cassez-les dans une terrine, assaisonnez de bon goût, sel, poivre, muscade et une pincée de cayenne. Ajoutez-y 3 verres de crème, une bonne poignée de parmesan râpé et un peu de gruyère qui ne peut lui faire du mal.

D'une autre part, ayez des petites pignattes valoris de Nice de la grandeur d'un petit pot à crème. Emplissez-les de cet appareil et faites-les pocher au bain-marie sans les laisser bouillir à four modéré, comme pour des petits pots de crème. Parsemez dessus un peu de parmesan râpé et servez sur serviette.

Petites Tartines Laponiennes.

En Laponie, les habitants sont très friands de ces petits hors-d'œuvre. Ils mangent cela au bord de la mer avant de partir pour la pêche.

Voici la recette que je leur ai demandée et comment ils procèdent :

Ayez une merluche fumée ou haddock, dépouillez-la et coupez les chairs en petits dés, que vous mêlez à une bonne sauce relevée au carry faite d'avance ; d'une

autre part, coupez de belles tranches dans un pain de
mie que vous faites griller, étendez dessus un peu de
beurre ainsi qu'un peu de parmesan râpé ; étendez
ensuite votre appareil bien uniformément, saupoudrez-
le de parmesan et coupez vos tranches en parties égales. Servez sur serviette bien chaud.

Anchois en Papillotte.

Faites une abaisse très mince de pâte à brioche,
découpez de petits carrés longs de quoi envelopper un
filet d'anchois. Mouillez vos petites abaisses et enveloppez vos filets que vous faites frire. Bonne friture
chaude et servez en buisson entouré de persil frit.

Petits Pois en Surprise.

Faites une pâte à choux sans sucre, ajoutez-y une
bonne poignée de parmesan râpé et une pincée de poi-
vre-cayenne. Couchez sur une plaque d'office beurrée
légèrement avec un cornet de petits choux de la grosseur d'un petit pois. Poussez-les au four aussitôt ;
après cuisson, passez par dessus avec un pinceau
(blaireau) un peu de blanc d'œuf moitié fouetté et roulez-les dans du parmesan râpé. Servez-les ensuite dans
une coupe en cristal et servis à la cuiller.

Beignets à la Riviéra.

Faites un appareil comme il est indiqué ci-dessous,
deux cuillerées de farine, trois œufs entiers battus

ensemble et mouillés avec un demi-verre de crème, sel,
poivre et une pincée de cayenne. Lorsque l'appareil est
assez battu, mêlez-y une livre et demie de frai de petits
poissons (connu sous le nom de poutina), ayez une
poêle de friture bien chaude et faites de petites cuillerées de ce mélange que vous faites frire; lorsqu'ils sont
de belle couleur, dressez sur serviette entourée de persil frit.

Tartelettes à la Pisanne.

Prenez du gros vermicelle que vous faites pocher
légèrement à l'eau, l'égoutter et le mettre dans une casserole avec un bon morceau de beurre bien frais, deux
cuillerées de crème et une poignée de parmesan râpé
assaisonné de haut goût, sans oublier un peu de
cayenne et une cuillerée de purée de tomate réduite.
Mettez cet appareil dans des petites tartelettes foncées
d'avance et poussez-les au four vif, en le saupoudrant
d'un peu de parmesan râpé après cuisson ; dressez bien
chaud sur serviette.

Petites caisses d'Œufs soufflés au Parmesan.

Séparez les jaunes de 4 ou 5 œufs, travaillez les jaunes dans une terrine avec une bonne cuillerée de crème
double, un quart de beurre frais, une poignée de parmesan et gruyère râpés, un peu de muscade, sel, poivre et une pointe de cayenne. Lorsque votre appareil est
assez travaillé, ajoutez-y les blancs fouettés, emplissez
des petites caisses à soufflés que vous aurez beurré d'a-

15

vance, soit en porcelaine ou en papier, et entourées
d'une petite bande de papier beurré, dans un fiers plus
élevé que vos caisses. Semez par dessus un peu de
parmesan râpé et poussez-les à four doux. Après cuisson, enlever les bandes de papier, les colorer avec la
pelle rouge, si toutefois ils manquaient de couleur, et
servez sur serviette chaude.

Jaunes d'Œufs pochés au Parmesan.

Foncez une douzaine de moules à tartelettes creuses,
avec de la pâte très fine et très mince. Cuisez vos tartelettes comme pour croûtes et gardez-les au sec. Ayez
aussi un peu d'appareil à soufflé dans lequel vous y
aurez ajouté un peu de parmesan. Emplissez à moitié
vos tartelettes ; d'un autre côté, pochez une douzaine de
jaunes d'œufs à l'eau salée, en ayant soin de ne pas les
laisser trop pocher.

Les retirer à mesure avec une petite écumoire plate à
œufs pochés. — En sortant de l'eau, appuyer le dessous de votre écumoire sur une serviette et faire glisser
chaque jaune sur vos tartelettes.

Parsemez par dessus un peu de parmesan râpé fin,
poussez une minute au four et envoyez sur serviette.

Jaunes d'Œufs pochés à l'Indienne.

Coupez dans un pain de mie des petites croustades
de pain de la grandeur d'une pièce de cinq francs,
passez ces rondelles au beurre clarifié, faites réduire
une bonne sauce au curry, ajoutez-y deux jaunes et lais-

sez refroidir après liaison avec un cornet de papier, faites une petite bordure à vos croûtons avec cette sauce refroidie.

Parsemez par dessus un peu de parmesan râpé, ensuite, pochez vos jaunes d'œufs et dressez-en un sur chaque croustade et servez.

Jaunes d'Œufs pochés aux Tomates.

Choisissez de très petites tomates de même grosseur, de manière que, lorsqu'elles sont parées, elles puissent tenir un jaune d'œuf poché. Enlevez la peau de plusieurs tomates en les trempant à l'eau bouillante, coupez-en une petite rondelle du côté de la queue, de manière à en former une ouverture, les épépiner avec une cuiller à légume, les saler, poivrer, les retourner sur un linge, afin de les bien égoutter, les placer ensuite les unes à côté des autres dans un plat à sauter beurré, en ayant soin de les entourer chacune d'une petite bande de papier beurré, de manière qu'en les cuisant elles ne se déforment le moins possible. Poussez-les à four chaud quelques minutes. Lorsqu'elles sont cuites, dressez dans chacune un jaune d'œuf poché.

Petites Crêpes au Caviar.

Faites cuire 2 ou 4 belles crêpes légères et très minces, laissez les refroidir, écartez sur l'une d'elles une couche de caviar, recouvrez-la ensuite avec une autre crêpe, découpez des ronds de la grandeur d'une pièce de 5 francs que vous rangez aussitôt sur un plafond d'office, légèrement beurré ; deux minutes avant le service, poussez-les au four le temps de chauffer la crêpe seulement et servez sur serviette.

Croquettes de Riz au Parmesan.

Mettez un morceau de beurre dans une casserole plate à légumes ; lorsqu'il est fondu, versez dedans 125 grammes de riz Caroline, faites-le revenir quelque temps et mouillez-le avec du lait bouillant et couvrez un tiers au-dessus du riz ; faites-le partir et finir à couvert à four doux ; lorsqu'il est parfaitement cuit et assaisonné, mêlez-lui du parmesan râpé et trois jaunes d'œufs ; laissez-le refroidir pour en faire des croquettes, que vous panez à l'œuf, et faites frire de belle couleur ; servez en buisson entouré de persil frit également.

Filets de Maquereaux à la Suédoise.

Faites cuire à l'eau de sel plusieurs maquereaux. Lorsqu'ils sont cuits, les retirer de leur cuisson et les laisser refroidir, enlever les filets en les divisant en plusieurs parties, les mettre dans une petite marinade ainsi composée : d'huile, de vinaigre, sel, poivre, câpres ; en couvrir les filets en y ajoutant quelques rouelles d'oignon, d'un peu de persil en branches, ainsi qu'un peu de fenouil. Laissez mariner vos filets quelque temps, puis servez-les sur un hors-d'œuvrier entouré de persil frais.

Anchois de Norvège aux Œufs.

Retirez du sel des anchois que vous laissez tremper quelque temps dans l'eau fraîche ; les retirer ensuite, les bien essuyer, les diviser en deux par la longueur en coupant encore chaque filet en deux. Placez-les symétriquement dans un hors-d'œuvrier en les entrecroisant, de manière à en former un fond de panier. Garnissez le tout avec du blanc d'œuf haché et du jaune d'œuf passé au tamis, ainsi qu'une petite bordure de persil haché. Ces sortes de hors-d'œuvre font très bien sur table pour déjeuner.

Soufflés à la Varsovienne.

Faites un appareil à blini transparent, en séparer l'appareil en deux, c'est-à-dire en mettre la moitié dans deux terrines différentes. Prenez la première pour faire des blinis dans de petites poêles plates dites à blini. Lorsqu'ils sont cuits et refroidis, servez-vous-en pour foncer des moules à tartelettes beurrés. Ajoutez, dans l'autre moitié qui vous reste de l'appareil, un peu de crème fouettée. Garnissez-en vos tartelettes. Mettez-les au four. Servez après cuisson avec une saucière de crème aigre.

Oursins au Petit Pain beurré.

Il faut choisir le moment où les oursins sont tout à fait pleins, car sans cela vous n'auriez rien à recueillir dans leur coquille. C'est pendant la pleine lune qu'ils

sont le meilleur. Choisissez de beaux oursins fraiche-
ment pêchés, faites une entaille circulaire par le moyen
de ciseaux. Égouttez l'eau qu'ils contiennent, placez-
les en buisson sur un plat les uns sur les autres. Coupez dans un petit pain frais que vous aurez beurré, des
mouillettes comme pour des œufs à la coque et que
vous mangez de même. C'est un vrai régal avant le
déjeuner, surtout arrosé d'un bon petit vin blanc des
environs de Marseille.

Petits Foies de Volaille au Lard fumé.

Choisissez des foies de volaille bien frais, faites-les
dégorger pendant quelque temps à l'eau fraîche, les
égoutter sur un linge, ensuite, pour enlever l'humidité,
coupez vos foies en deux ou trois, de manière qu'ils
soient le plus mince possible ; d'un autre côté, coupez
dans un morceau de lard de poitrine fumé de petites
bandes très minces de la grandeur de vos escalopes de
foie, aplatissez vos petites bandes de lard très minces.
Couchez sur chacune une lame de foie et roulez le tout.
Ajoutez-y un peu de cayenne, cuisez-les à la brochette
sur un gril et servez sur croûte de pain grillée.

Petites Bombes au Vésiga à la Russe.

Faites tremper du vésiga quelques heures dans de
l'eau tiède, ou froide si vous avez du temps à vous, cela
se fait tremper la veille que l'on doit s'en servir. Lorsqu'il est assez trempé, que le vésiga s'est développé
comme un large ruban, vous le coupez en morceaux

carrés et vous le faites cuire dans un bon fond de poisson avec des aromates tels que : persil, thym, laurier, fenouil, etc., et un peu de vin blanc: d'un autre côté, foncez des petits moules à tartelette à dôme avec de la pâte à brioche commune, laissez-les revenir dans un endroit tiède comme pour des petits savarins , lorsqu'ils sont bien revenus, poussez-les au four. Après cuisson, videz-en l'intérieur en conservant la partie supérieure qui doit vous en servir de couvercle, ajoutez votre Vésiga et le lier avec quelques cuillerées de bonne sauce à poisson, y joindre quelques truffes hachées, emplir vos petites bombes et servir sur serviette.

Petits Canapés de langue au Foie gras.

Coupez dans le milieu d'une langue cuite de petits canapés de la grandeur d'une pièce de 5 francs, coupez aussi des ronds de foie gras un peu moins grands que ceux de langue avec les rognures, vous en faites une purée qui vous servira pour mettre dessus en forme de petit dôme ; l'on peut également y ajouter un petit rond de truffe pour terminer, sans oublier une légère pointe de cayenne.

Servez sur serviette entourée de persil frais.

Croquettes de Riz à la Piémontaise.

Faites blanchir un quart de riz, l'égoutter et le finir de cuire dans du lait, assaisonnez. Ce riz doit, lorsqu'il est cuit, être assez ferme.

Laissez-le refroidir, travaillez-le légérement avec une

cuiller de bois en lui incorporant deux bonnes poignées
de parmesan et de gruyère râpé, formez-en de petites
boules que vous passerez et faites frire à friture chaude.

Servez sur serviette entourée de persil frit.

Canapés de Bœuf de Hambourg boucané.

Ce bœuf, qui est boucané et fumé, est très apprécié
en Angleterre. Prenez un morceau de bœuf de deux ou
trois livres, faites bouillir à l'eau de sel, une heure
environ. Sortez-le de l'eau et laissez-le refroidir. Ce
bœuf est dur comme du bois sec. Râpez-le comme du
parmesan et tenez-le au frais. Faites, dans un pain de
mie, de belles tranches de pain que vous faites griller.
Coupez des canapés avec un coupe-pâte uni de la grosseur d'une pièce de 5 francs, étendez un peu de beurre
frais sur vos canapés.

Garnissez-les ensuite avec votre bœuf râpé, saupoudrez d'une légère pointe de cayenne. Servez sur serviette entourée de persil frais.

Canapé de Volaille et Langue.

Préparez des petits canapés comme pour les canapés de bœuf de Hambourg et vous les garnissez avec
du blanc de volaille cuit et haché très fin ainsi que la
langue. Garnissez d'abord le tour de vos canapés de
langue et ensuite vous mettez vos blancs de volaille au
milieu. Servez sur serviette ou sur tambour entouré de
persil.

Bol de cristal ou d'argent garni de blancs de Volaille hachés.

Ce hors-d'œuvre se sert dans les bonnes maisons, et surtout si vous avez beaucoup de blancs de volaille de reste soit d'un dîner ou autre.

Hachez des blancs de volaille très fins comme si c'était râpé, lorsque vous en avez assez pour garnir un bol ou une petite coupe en argent faite exprès. Servez en hauteur dans le bol sur serviette entourée de persil frais. Chacun se sert soi-même. L'on sert habituellement ce hors-d'œuvre pour le déjeuner.

Petits bateaux d'Huîtres soufflés.

Foncez des petits moules à bateaux en pâte fine très mince, que vous cuirez de belle couleur ; les conserver bien sec ; ayez un peu de farce et soufflé de poisson ; assaisonnez : sel et un peu de cayenne. Garnissez vos petits bateaux avec un peu de farce ; placez deux huîtres (épluchées) au milieu ; recouvrir les huîtres avec un peu de farce : la bien lisser, de manière que ce soit bien uni ; avec un cornet, faites de petits points autour : y semer un peu de chapelure, légèrement ; un peu avant de partir, poussez-les au four et servez ensuite sur serviette ou sur de petits tambours que vous aurez préparés à l'avance.

Sardines à la Diable.

Coupez dans un pain de mie de petits croûtons, pas

15.

aussi grands que la sardine, les passer au beurre,
qu'ils soient d'une belle couleur blonde, les laisser
refroidir, les beurrer et y mettre une sardine dont la
queue, la tête et l'arête sont enlevées, une petite pincée
de kaprika, les chauffer au moment et servir sur serviette.

Petits Soufflés d'Églefin.

Faites une farce avec un ou deux petits merlans et
un ou deux églefins fumés ; les monter à la crème et
emplir des moules en tartelettes avec une poche à
pâtisserie de la forme d'une tanchonnette, poussez-les
au four et servez sur serviette après cuisson terminée.

Rissoles à la Polonaise.

Préparez, soit la veille au soir ou au matin, une pâte
à levure à un quart de beurre par livre et œufs entiers,
veillez que la pâte soit ni trop ferme ni trop molle,
entre la brioche et le savarin. Pendant qu'elle lève,
vous hachez un oignon moyen, du filet de bœuf, quelques champignons, trois œufs durs et du persil ; le tout
prêt, faites revenir l'oignon avec assez de beurre, ajoutez le filet, assaisonnez bien, puis les champignons,
œufs et persil. Réservez. Avec la pâte, vous la divisez
en petites parties, placez de l'appareil au milieu et
repliez en deux, roulez-les un peu et rangez-les sur
feuilles de papier blanc beurrées, laissez lever et faites
frire dans une friture neuve, doucement, comme les
beignets soufflés. — Dressez sur serviette.

On peut envoyer une saucière de crème aigre-douce ; toutefois, ce n'est pas indispensable.

Mortadelle de Milan.

Coupez des tranches de mortadelle très minces sur toute son épaisseur que vous divisez ensuite en six ou huit morceaux afin de pouvoir les dresser sur un hors-d'œuvrier entouré de persil frais.

Saucisson d'Arles.

Coupez sur un saucisson d'Arles, après l'avoir bien essuyé, des tranches très minces que vous dressez à cheval sur un hors-d'œuvrier entouré de persil frais.

Saucisson de Lyon.

Servez de la même manière que ci-dessus. Tous les saucissons de toutes provenances sont servis de la même manière.

Rillettes de Tours et du Mans.

Les rillettes sont toujours servies dans des petits pots soit de faïence ou de grès, il y en a de toutes les dimensions ; mais comme hors-d'œuvre, ce serait mieux de les servir dans de très petits pots dressés sur serviette.

Sardines à l'huile.

Égouttez des sardines que vous essuyez ensuite et que vous placez dans un hors-d'œuvrier en les plaçant l'une à droite, l'autre à gauche, de manière qu'étant dressées elles se trouvent entrecroisées ; versez dessus de la bonne huile d'olive et entourez-les d'un petit cordon de persil haché.

Thon mariné.

Servez des petites tranches de thon dans des hors-d'œuvriers ; arrosez d'huile et de quelques câpres.

Harengs marinés.

Levez les filets de plusieurs harengs marinés que vous placez symétriquement dans le hors-d'œuvrier.

Filet de Hareng saur de Hollande.

Servez de la même manière, excepté que vous passez le hareng à l'eau bouillante, lui enlever la peau ; enlevez les filets ensuite en les séparant en deux s'ils étaient trop gros. Servez dans un hors-d'œuvrier.

Saumon fumé grillé.

Servez des petites tranches de saumon fumé grillé sur des petits canapés de pain grillé également et beurré.

Olives vertes de Provence au Sel.

Égouttez des olives vertes et placez-les dans un hors-d'œuvrier en les couvrant d'un peu d'eau salée pour les empêcher de noircir.

Olives noires.

Faites comme pour les olives vertes. Celles-ci sont meilléures et plus grosses, aussi les gens de la Provence les préfèrent aux vertes.

Céleri en branche.

Prenez deux ou trois pieds de céleri, enlevez-en les premières feuilles vertes et ne conservez que celles du milieu du pied. Nettoyez le pied en enlevant toutes les parties dures ; fendez les tiges en quatre et faites dessus quelques légères incisions ; mettez-les à mesure dans l'eau fraîche ; les parties entaillées se frisent toutes seules ; servez dans un grand verre à pied dit à céleri ; votre céleri formera, ainsi dressé, une gerbe charmante.

Céleri-Rave.

Prenez deux ou trois pieds de céleri-rave que vous épluchez, faites-le blanchir quelques minutes, le rafraîchir, le couper ensuite en lames très minces et ensuite en julienne très fine que vous assaisonnez dans un bol avec sel, poivre, huile, vinaigre, une bonne cuillerée de moutarde de Dijon, un peu de cerfeuil et d'estragon hachés ; remuez le tout ensemble et servez dans un hors-d'œuvrier.

Fenouil en branche.

Servez comme pour le céleri en branche.

Cresson de fontaine et Cresson alénois.

Épluchez le cresson et faites de petits bouquets que vous dressez sur une serviette.

Concombres verts.

Prenez un ou deux concombres verts, pelez-les, coupez-les en tranches minces, saupoudrez-les de sel fin pour que les concombres rendent leur eau, les mettre ensuite dans une terrine avec du vinaigre, un peu d'huile mignonnette ; remuez les tranches pour qu'elles se trouvent bien assaisonnées : servez dans un hors-d'œuvrier.

Concombres en filets.

Coupez un beau concombre vert en plusieurs morceaux de deux ou trois centimètres de long, en enlever l'écorce verte en tournant le couteau autour du morceau ; continuez à le couper ainsi jusqu'aux pépins comme si vous vouliez en faire un ruban ; roulez ce ruban bien serré, coupez-le par tranches fines qui, en se déroulant, formeront de longs filets ; mettez ces filets dans un saladier avec un peu de sel, faites mariner pendant une demi-heure environ. Égouttez l'eau ensuite en pressant légèrement, assaisonnez d'huile, vinaigre et mignonnette et servez dans un hors-d'œuvrier.

Concombres salés à la Russe.

Ce genre de concombre, plus court que les autres, ressemble à de gros cornichons. Vient communément dans le Nord ; l'on peut s'en procurer chez les marchands de salaison russe tout préparé dans des tonneaux. Voici la recette telle qu'elle m'a été donnée : Prenez une centaine d'ogoursis que vous lavez et essuyez, ayez un pot de grès muni de son couvercle, coupez grossièrement une poignée de feuilles de cassis, une de fenouil, estragon, une racine de raifort gratée, quelques petites branches de genièvre, 2 onces de poivre noir en grain et quelques feuilles de chêne. Mettez vos ogoursis dans le pot de grès en mélangeant les herbes coupées ; couvrez le tout avec de l'eau de sel de 6 à 7 degrés au pèse-sirop ; couvrez le pot d'un linge et de son couvercle ; sutez le couvercle soit avec une pierre, afin que l'air n'y entre pas. Au bout d'une quinzaine de jours, ils se trouvent bons à servir.

Petits Radis roses et blancs.

Pour bien éplucher des radis, il ne faut laisser que deux ou trois feuilles et couper les queues et enlever autour des feuilles de petites feuilles blanches qui

adhèrent aux radis ; laissez quelques minutes à l'eau
fraîche, les égoutter et les placer dans les raviers avec
un peu d'eau fraîche : il est bon d'accompagner tous
ces hors-d'œuvre de petits pains de beurre ou en
coquille.

Radis noir.

Epluchez un radis noir bien tendre, le couper en
tranches minces, le mettre dans une assiette à soupe
en ajoutant du sel pour en faire sortir l'eau ; quelque
temps après, l'égoutter sur un linge, l'assaisonner dans
un bol avec sel, poivre, de l'huile et du vinaigre : dressez ensuite dans un ravier.

Choux rouges au vinaigre.

Prendre un beau chou rouge, en enlever les feuilles
pour les essuyer, en extraire les grosses côtes ; mettez
les feuilles les unes sur les autres pour les ciseler
ensemble bien finement ; mettez-les dans une terrine
avec un peu de sel pour les faire mariner pendant deux
jours, égouttez-les ensuite ; mettez-les ensuite dans un
pot de grès, couvrez-les de bon vinaigre, quelques
clous de girofle et de poivre en grain.

Choux rouges à l'Anglaise.

Préparez les choux rouges de la même manière; seulement, au lieu de mettre le vinaigre à froid, vous faites
bouillir le vinaigre que vous versez dessus ; l'on peut y

ajouter quelques condiments en plus, selon le goût des consommateurs ; en tout cas, il faut laisser refroidir avant de fermer le vase hermétiquement.

Betteraves cuites.

Prenez deux ou trois betteraves de belle couleur, surtout qu'elles ne soient pas filendreuses ; enlevez la peau grassement ; coupez des tranches minces que vous placez dans un pot et que vous couvrez de bon vinaigre, prêts pour vous en servir.

Artichauts à la Poivrade.

Choisissez de très petits artichauts bien tendres et de même grosseur, ce sont ordinairement ceux qui viennent après les gros ; enlevez les premières feuilles pour les parer, ainsi que les fonds que vous frottez avec un demi-citron ; coupez également le haut des feuilles et les plonger dans de l'eau acidulée ; les égoutter et les servir avec assaisonnement dans une saucière. Dressez les artichauts sur serviette ou dans des raviers s'ils sont très petits.

Fèves de marais au Sel.

Choisissez des petites fèves à peine formées et servez-les dans un ravier ; c'est le hors-d'œuvre des Bordelais au déjeuner.

Melon et Cantaloup.

Le melon doit être mangé bien à point ; pour cela, il faut le mettre à la glace ou dans un endroit très frais : quelque temps avant de le couper, il faut, en le servant par tranches, éviter de donner les tranches qui ont touché la couche, hormis que le melon ait été posé sur une brique ou un paillon.

Figues.

Les figues se servent également comme hors-d'œuvre ; il faut, comme le melon, les servir à la glace ou très frais.

Huîtres au Citron.

Il y a plusieurs sortes d'huîtres : les meilleures et les plus fines sont celles de Cancal, petites, mais très bonnes : il faut qu'elles soient de la première fraîcheur ; on les sert ouvertes, sur chaque assiette, accompagnées d'une sauce composée d'échalote hachée, de mignonnette, de vinaigre ou de quartiers de citron ; l'on passe également des petites tartines de pain de seigle beurrées.

Moules et Clovisses.

Servez de la même manière que les huîtres ; à Marseille, l'on en fait une grande consommation.

Piments doux d'Espagne.

Épluchez-les, coupez la queue et mettez-les dans un pot que vous remplissez de vinaigre ; bouchez le pot que vous laissez au frais pour vous en servir.

Mûres.

Même manière que pour les figues ; les mettre à la glace et les servir très fraîches sur des feuilles de vigne ou de mûrier.

Choux-Fleurs.

Prenez un ou deux beaux choux-fleurs bien fermes et serrés, les diviser par petits bouquets, les faire blanchir quelques minutes à l'eau de sel, les égoutter, les ranger dans un pot de grès ; versez dessus du vinaigre bouillant, ajoutez-y un bouquet d'estragon et quelques clous de girofle ; égouttez-les le lendemain, faites bouillir de nouveau le vinaigre, versez-le sur vos choux-fleurs, laissez refroidir, ensuite couvrir le pot et le placer dans un endroit frais pour vous en servir.

Haricots verts.

Même manière que pour les choux-fleurs.

Petits Oignons blancs.

Même procédé que pour les choux-fleurs et les haricots verts.

Cerises et Bigarreaux.

Mettez dans un bocal des cerises ou des bigarreaux auxquels vous aurez laissé deux centimètres de queue ; lorsque votre bocal est rempli, mettez-y un bouquet d'estragon et remplissez le vide de votre bocal avec du vinaigre froid ou chaud ; couvrez votre bocal pour vous en servir.

Petits Abricots.

Prenez de préférence les petits abricots qui tombent de l'arbre quelque temps après qu'ils sont formés, plongez-les à l'eau bouillante, les rafraichir aussitôt, les essuyer sur un linge, les placer dans un pot ou un bocal, y verser dessus du vinaigre accompagné d'un petit bouquet d'estragon ; au bout de quinze jours, vous pouvez les servir.

Noix vertes.

Prenez des noix vertes avant que la seconde écorce ne soit formée, lorsqu'elle est encore tendre ; mettez-les dans un bocal, versez du vinaigre dessus, ajoutez-y un bouquet d'estragon et fermez votre bocal ; au bout d'un mois, vous pouvez vous en servir.

Vrilles de vigne.

Choisissez dans une jeune plante de vigne de belles vrilles, les laver, les blanchir à l'eau bouillante et salée cinq minutes ; les rafraichir, les essuyer sur un linge, les mettre dans un bocal avec du vinaigre dessus ainsi qu'un bouquet d'estragon.

Verjus au Vinaigre.

Égrenez de beaux verjus prêts à tourner, mettez ces grains dans un bocal, que vous remplissez ensuite de vinaigre et un peu d'estragon.

Criste-marine (ou Perce-Pierre).

Cette plante vient généralement au bord de la mer, elle se trouve naturellement salée, l'on en cueille les feuilles à la fin de l'été ; il faut les laver et les mettre au vinaigre pour vous en servir.

Petites Capucines au Vinaigre.

L'on se sert de la fleur des capucines pour décorer les salades montées : la fleur dure pendant toute la saison, mais les graines qui se forment successivement se cueillent avant leur maturité et se confisent dans le vinaigre.

Câpres au Vinaigre.

Les boutons à fleurs du câprier se cueillent avant la fleur éclose ; mettez-les au vinaigre comme les capucines. On les sert sur des hors-d'œuvriers ; cela excite à manger le poisson froid.

Salade de Cerneaux à la Bourguignonne.

Lorsque les noix sont fraiches et mûres, c'est le moment de faire la salade de cerneaux. C'est vers la fin d'août ou au 15 que les noix sont ordinairement bonnes à prendre pour cette salade, car c'est un régal qui ne vient qu'une fois tous les ans.

Prenez sur le tour d'un noyer les noix les plus avancées, ouvrez-les par le milieu et avec la pointe d'un couteau, cernez-les proprement de manière à ne rien laisser après la coquille intérieure ; mettez à mesure les cerneaux dans une terrine d'eau acidulée et salée, soit de vinaigre ou de citron, ce qui les empêche de noircir ; d'un autre côté, prenez de beaux raisins en verjus d'une treille avancée, égrenez-les et mettez ces graiss dans un mortier ainsi qu'une demi-douzaine de gousses d'ail épluchées ; pilez le tout ensemble, ajoutez sel, poivre et muscade ; égouttez vos cerneaux, les éponger avec une serviette, les mettre dans un saladier, passez par dessus le jus de verjus que vous avez pilé, de manière que les cerneaux soient à peu près imbibés en les sautant de temps à autre. C'est un hors-d'œuvre un peu rustique, mais qui vaut mieux que tous les apéritifs du monde.

Capitolade de Verjus.

Lorsque le raisin commence à tourner, c'est-à-dire qu'étant encore en verjus, pilez ces verjus avec quatre ou cinq gousses d'ail pour en extraire le jus que vous salez, poivrez : ayez des morceaux de viande froide,

soit volaille ou **autre**, faites-en un petit émincé que
vous dressez dans un petit plat ou hors-d'œuvrier,
passez le jus de votre verjus que vous avez **pilé des-**
sus, entouré de persil haché.

Crevettes à la Glace.

Prenez un bol en cristal, remplissez-le de glace
transparente sans être pilée, que les morceaux ne

soient pas plus gros que des œufs de pigeon ; accrochez
de belles crevettes de même grosseur après le bord
supérieur du bol par la queue, la tête en bas ; servez le
bol sur serviette entourée de persil frais.

Buisson d'Écrevisses.

Prenez du persil frais, dressez les écrevisses en pyramide en alternant du persil entre chaque. (Il y a des mandrins en fer-blanc exprès pour cela, qui sont plus commodes et plus expéditifs.)

Petits Homards coupés.

Ayez des petits homards cuits, coupez-les en plusieurs parties ; accompagnez-les d'une saucière de mayonnaise.

HORS-D'ŒUVRE CHAUDS

Petits Pâtés de Volaille.

De même que les précédents, seulement on les garnit avec de la farce de volaille.

Pâte à Coulibiac.

Mettez dans une terrine une demi-livre de farine, un peu de levure gros comme une petite noix et un verre de lait tiède ; délayez la levure en la mêlant petit à petit à la farine en la travaillant de manière que votre levain soit bien lisse ; faites-le revenir en le couvrant dans un endroit chaud ; lorsque le levain est bien levé, ajoutez-lui une autre demi-livre de farine, cinq ou six œufs entiers et une demi-livre de beurre en pommade. Travaillez la pâte afin qu'elle soit bien lisse, ajoutez-y, au dernier moment, deux pincées de sucre et un peu de sel : saupoudrez-la de farine et laissez-la faire un levain pendant une heure environ ; ensuite saupoudrez la table, rompez votre pâte comme l'on fait de la brioche ; si vous ne vous en servez pas de suite, placez-la dans un endroit frais ou à la glace pour vous en servir au besoin.

Petits Pâtés à la Moskowa.

Faites une abaisse avec de la pâte à coulibiac, coupez-en des carrés de 5 centimètres, garnissez-les après les avoir mouillés, avec un pinceau, avec un peu de farce de poisson ; mettez sur cette farce un petit morceau carré de poisson cru et assaisonné ; mettez également un peu de farce par dessus le poisson ; mouillez les bords de manière à fermer vos petits pâtés ; laissez-les revenir pendant un quart d'heure, retournez les pâtés sur la plaque, dorez-les et poussez-les au four vif ; lorsqu'ils sont cuits, faites-leur une petite ouverture, et au moment de les servir, introduisez par l'ouverture une petite demi-glace de jus de poisson et demi-jus de citron. Servez très chaud sur serviette.

Petits Pâtés aux Légumes.

Coupez carottes, céleri, navets, racine de persil en brunoise ; faites blanchir ces légumes séparément, rafraîchissez et égouttez-les sur serviette ; prenez d'autre part deux ou trois cuillerées de béchamel réduite, mêlez-y vos légumes assaisonnés, ajoutez un ou deux

16

œufs cuits durs hachés, un peu de ciboulette et de persil haché, et laissez refroidir ; faites une abaisse de feuilletage comme pour les petits pâtés, garnissez-les de même, dorez-les et poussez-les au four. Servez après cuisson sur serviette.

Petits Pâtés de Choucroute.

Passez un oignon coupé en dés dans une casserole avec un morceau de beurre en le tournant sur le feu sans lui faire prendre couleur, ayez ensuite une livre de choucroute lavée et essuyée sur un linge, hachez-la très fine, mêlez-la à l'oignon, l'assaisonner de bon goût ; ajoutez quelques cuillerées de bon bouillon et laissez cuire doucement pendant une heure environ à couvert ; faites refroidir ensuite et garnissez vos petits pâtés comme il est indiqué aux petits pâtés aux légumes.

Petits Pâtés de Riz aux Œufs.

Faites comme ci-dessus, liez le riz et les œufs hachés avec un peu de sauce béchamel réduite, et procédez de même que pour les petits pâtés.

Petits Pâtés au Bœuf.

Hachez très fin un morceau de filet de bœuf avec un peu d'oignon haché et de persil ; assaisonnez de bon goût ; garnissez vos petits pâtés et cuisez à four gai. Après cuisson, faites-leur une petite ouverture et coulez dedans un peu de demi-glace.

Petits Coulibiacs de Choux au Vésiga.

Faites de petites abaisses en pâte à coulibiac, garnissez de choux braisés d'avance et refroidis, ainsi que du vésiga blanchi et cuit ; procédez comme pour les petits pâtés, laissez revenir quelque temps, cuisez-les ensuite selon les règles et servez sur serviette.

Petits Coulibiacs de Saumon au Riz.

Faites comme ci-dessus, garnissez de riz cuit d'abord une petite tranche de saumon et enfin un peu de riz par dessus, faites revenir et poussez au four après cuisson. Servez sur serviette.

Bouchées à la Reine.

Ayez des petites croûtes de bouchées que vous garnissez de purée de volaille au moment de servir. Servez sur serviette ou sur gradin.

Bouchées à la Monglas.

Garnissez des petites bouchées composées de blanc de volaille, champignons, truffes, langue coupée en julienne et liée avec une demi-glace.

Petites bouchées de Purée de Gibier.

Garnissez de petites bouchées de purée de gibier dans laquelle vous y aurez ajouté un peu de crème fouettée pour la rendre plus légère.

Bouchées de queues d'Écrevisses.

Faites réduire une bonne sauce de poisson dans laquelle vous y aurez introduit un beurre d'écrevisse ou de homard et quelques cuillerées de crème fouettée ; ajoutez à votre sauce des queues d'écrevisses épluchées et coupées en deux ou trois morceaux ; emplissez vos petites bouchées et servez sur serviette ou sur gradin.

Bouchées à la Moelle.

Cuisez de très petites bouchées, coupez ensuite des morceaux de moelle en dés que vous faites dégorger pendant quelque temps, ensuite blanchissez la moelle à l'eau bouillante salée, égouttez de suite et roulez-la dans une demi-glace ; emplissez vos bouchées et servez.

Cromesquis de Volaille.

Faites un appareil à croquette selon les règles et laissez refroidir ; faites de petits carrés longs de la moitié de la grosseur d'une croquette ; enveloppez-les dans de la crépinette de porc ou des petites bandes minces de tétine, faites-les frire ensuite par petite quantité après les avoir trempés dans de la pâte à frire. Dressez en couronne ainsi qu'un petit buisson de persil frit.

Cromesquis de Poisson.

Faites une réduction de sauce de poisson et un peu

de béchamel ; y ajouter après liaison un salpicon de
poisson cuit soit de turbot ou autre, comme pour les
croquettes, et procédez de même que pour la volaille.

Coquilles de Volaille.

Faites un appareil à croquette sans être lié, ayez de
petites coquilles dites Saint-Jacques, garnissez-les à
moitié de l'appareil, passez un peu de chapelure par
dessus, un peu de beurre fondu, et quelques minutes
avant de servir, poussez à four chaud. Servez sur serviette. Dans les bonnes maisons, les coquilles sont en
argent comme le reste, mais les coquilles ordinaires
sont la même chose.

LES COQUILLES EN GÉNÉRAL

Coquilles de Ris de Veau.
Coquilles de Cervelle.
Coquilles de Bœuf.
Coquilles de Homard.
Coquilles de Poisson, etc.

Toutes se servent de la même manière ; ce petit
hors-d'œuvre est bon pour utiliser les restes.

Soufflés à la Varsovienne.

Préparez un appareil à blinis transparent séparé dans

16.

deux vases ; cuisez des blinis très minces dans de petites poêles plates dites à blinis, servez-vous de ces blinis pour foncer des moules à tartelettes beurrés, ajoutez dans l'autre moitié qui vous reste de l'appareil, un peu de crème fouettée, garnissez-en vos tartelettes, mettez-les au four et servez après cuisson avec une saucière de crème aigre.

Ravioles de Fromage blanc à la Polonaise.

Passez au tamis à quenelles une demi-livre de fromage blanc, mettez-le dans une terrine avec une demi-livre de beurre en pommade, assaisonnez de sel, poivre et une petite pincée de cayenne, ajoutez-y deux œufs entiers, travaillez le tout avec une cuiller de bois, afin d'obtenir une crème bien lisse et épaisse. Faites une pâte à nouille que vous abaissez très mince, mouillez le dessus de cette abaisse avec un pinceau, placez ensuite sur le devant de votre abaisse de petites cuillerées de votre crème à trois centimètres l'un de l'autre, recouvrez devant vous ce premier rang avec la pâte qui dépasse sur le devant ; appuyez entre chaque avec le pouce afin de les bien souder, tout en leur donnant la forme d'un petit chausson ; coupez-les ensuite avec un coupe-pâte goudronné, rangez-les à mesure sur un tamis sec, faites-en un autre rang, puis un autre, jusqu'à la fin de votre abaisse ; pochez-les ensuite à l'eau bouillante salée, les égoutter, les dresser soit dans une casserole en argent ou un légumier ; versez dessus du beurre fondu à la noisette dans lequel vous aurez mis une petite poignée de mie de pain

séchée au four et passée au tamis. Servez à part une
saucière de crème aigre.

Ravioles de Bœuf et Fromage.

Faites comme les ravioles à la polonaise, seulement
ajoutez à votre crème un peu de bœuf cuit et haché
très fin, le reste du service est le même.

Crème de Haddock à la Diable.

Levez les filets de deux haddocks fumés, pilez-les
avec un morceau de beurre, un peu de sel et une légère
pincée de cayenne, lorsque le tout est bien pilé, passez
cette farce au tamis à quenelle, remettez l'appareil dans
une terrine, travaillez-la avec une cuiller de bois afin
de lui donner du corps, ajoutez un jaune d'œuf et une
cuillerée de béchamel ; montez-la ensuite avec de la
crème fouettée. Beurrez des petits moules à dariole,
les remplir de votre appareil ; les placer ensuite dans
un plat à sauter avec de l'eau bouillante, les pousser
au four quelques minutes pour les pocher, avoir soin
que l'eau ne bouille pas, aussitôt pochés les démouler
sur un plat, les napper ensuite avec une sauce crémeuse au beurre d'anchois.

Hottereaux de Crevettes.

Prenez deux ou trois moyennes soles, enlevez les
filets et parez-les de leur peau nerveuse, ensuite battez-

lez légèrement afin de les rendre plus souples à leur
cuisson, ployez chaque filet de manière à en former un
petit hottereau, mettez un petit tampon de pâte à
détrempe dans le vide du hottereau et pochez-les au
four couverts d'une feuille de papier beurré. Lorsqu'ils
sont pochés, en enlever les petits tampons, les dresser
sur un fond de riz sur le centre duquel vous aurez

dressé des petits pois. Préparez à l'avance des crevettes
épluchées que vous aurez coupé en dés, mêlez ces crevettes à une bonne sauce crevette, garnissez le vide
des petits hottereaux et envoyez une saucière de sauce
crevette à part en même temps.

L'on peut aussi exécuter ce plat au froid, remplacez
les pois par une salade de légumes et un petit sujet en
stéarine, comme le représente le dessin.

Perles au Fromage.

Préparez une pâte à choux au lait à laquelle vous
ajoutez une bonne poignée de parmesan râpé et autant
de fromage de gruyère, un peu de sel et une forte pincée de cayenne.

Beurrez légèrement une plaque ou plafond d'office,
louchez des petits choux de la grosseur de petits pois,

plus petits s'il y a lieu, car étant cuits, ils ne doivent
pas être plus gros que des pois ; lorsque votre plaque
est pleine, semez par-dessus un peu de parmesan râpé
avec une petite passoire. Faites-les cuire, qu'ils soient
de belle couleur ; dressez-les dans une coupe en cristal
sur serviette, accompagnés d'une cuiller pour se
servir.

Nouillette au Parmesan.

Faites une pâte ainsi composée : 125 grammes de
farine, 125 gr. de parmesan râpé, 60 gr. de beurre fin
et 3 jaunes d'œufs, sel, poivre, ainsi qu'une pincée de
cayenne. Mêlez le tout ensemble en travaillant la pâte

avec la paume de la main ; lorsque la pâte est bien lisse,
laissez-la reposer quelques minutes afin qu'elle ne soit
pas aussi coriace et qu'elle ne se retire pas en la décou-
pant

Abaissez votre pâte en plusieurs bandes de la même
largeur, soit en moyenne de 5 à 6 centimètres. Coupez
ces abaisses en nouilles très fines et placez-les à
mesure sur un ou plusieurs tamis, afin de les faire

sécher. Quelques minutes avant de servir, mettez vos
mouillettes dans un panier à friture et plongez-les en
friture chaude, servez sur serviette entouré de persil
frit, l'on peut également les servir sur des paniers ou
coupes ; dans ce cas, aussitôt sortis de la friture, les
éponger de leur graisse sur serviette et les dresser en
buisson ensuite sur un tambour apprêté d'avance.

Tricorne du Diable.

Faites un appareil ainsi composé : un quart de livre de fromage à la crème que vous mettez dans une terrine, une poignée de fromage de parmesan râpé, une pincée de cayenne, sel et poivre, trois jaunes d'œufs et deux blancs fouettés ; à la fin, sel et poivre d'un autre côté ; abaissez des rognures de feuilletage ou du feuilletage à huit tours, coupez-en des ronds de cinq centimètres de diamètre ; mettez sur le milieu de chaque rond un peu de votre appareil au fromage ; relevez-en les bords en forme de tricorne ; dorez-les à l'œuf et poussez-les à four chaud quelque temps avant de les servir ; dressez-les après cuisson sur serviette ; les petits tricornes ont besoin d'être servis très chauds comme les soufflés au fromage.

Canelons au Fromage.

Faites une abaisse de feuilletage à huit tours, très mince ; coupez sur la longueur des lanières d'un centimètre de largeur ; mouillez-les avec un pinceau trempé dans l'eau ; ayez de petits bâtonnets à canelon de huit centimètres de longueur, dont l'extrémité se termine en broche : prenez vos petites bandelettes et enveloppez-en vos bâtonnets en ayant soin, toutefois, de tenir vos bandelettes à cheval, jusqu'à l'extrémité du plus gros bout de la brochette ; dorez-les et poussez-les à four chaud ; lorsqu'ils sont cuits, retirez-en les bâtonnets et garnissez-en le vide avec une crème au fromage, bien relevée ; servez ensuite sur serviette ou sur gradin.

Cigarettes de Caviar à la Russe.

Coupez des tranches de pain très minces dans un pain de mie bien frais, ayez soin d'avoir un couteau qui coupe bien, car si les tranches étaient trop épaisses, vous ne pourriez les rouler. Prenez un peu de beurre que vous mêlez avec du caviar bien frais, assaisonnez de bon goût sans oublier une pincée de cayenne, étendez votre caviar sur chaque tranche de pain coupée et roulez-les ensuite en forme de cigarette en ayant soin qu'elles soient toutes uniformes, dressez-les sur de petites coupes légères entourées de persil frais.

Tourteaux au Fromage.

Faire deux verres de lait de crème pâtissière au fromage assez serrée, lorsqu'elle est cuite, la laisser refroidir en l'agitant avec une cuiller de bois, afin qu'elle ne devienne pas gremeleteuse.

Ayez un peu de pâte à feuilletage en rognure. Faites-en une abaisse très mince, coupez de petits ronds par le moyen d'un coupe-pâte cannelé, mouillez-les avec un pinceau, mettez sur le centre gros comme une noisette de votre crème refroidie avec le moyen d'un cornet ; recouvrez vos petits ronds avec un appareil, appuyez-les avec un autre coupe-pâte un peu plus petit, de manière de les souder ; les tremper ensuite à l'œuf battu, les paner, les frire à bonne friture, les égoutter ; semez-y par-dessus un peu de sel de Parmesan râpé et un peu de cayenne.

Dressez-les sur serviette avec un bouquet de persil frit.

Petits Puits d'Amour à l'Indienne.

Passez au beurre de petits canapés coupés dans un pain de mie de la grandeur d'une pièce de 5 francs. Pilez et passez au tamis fin de la langue de bœuf. Ajoutez à cette purée un peu de farce de volaille, montée à la crème, de manière que cette farce soit très légère, comme pour un soufflé. Avec une poche et un cornet de papier, couchez cette farce sur vos croûtons de la grosseur d'un chou (en pâtisserie), en ayant soin que la farce n'aille pas jusqu'au bord du croûton.

Semez par-dessus un peu de fine chapelure ; d'un autre côté, passez un peu d'oignon haché très fin au beurre. Mêlez-y une petite cuillerée de poudre de curry des Indes, une bonne cuillerée de demi-glace, une demi-cuillerée de marmelade de pommes de rainette et un peu de chutney des Indes. Réduisez le tout ensemble et laissez refroidir. Enfoncez ensuite le doigt au milieu de la farce, de manière à en former un puits ; avec votre appareil refroidi, poussez vos petits puits d'amour au four cinq minutes avant de servir. Lorsqu'ils sont pochés, servez sur serviette ou sur gradin.   **17**

Écrevisses à l'Indienne.

Prenez de belles écrevisses bien fraiches, les nettoyer, passez un peu d'oignon dans une casserole avec une bonne cuillerée de poudre de curry, une branche de thym et un peu de persil ; mettez-y vos écrevisses à couvert, jusqu'à cuisson terminée, et laissez refroidir ensuite. Lorsque les écrevisses sont froides, séparez-en les queues du corps que vous videz et passez au tamis fin ; enlevez les queues de leur carapace et coupez-les en petits dés ; prenez une ou deux cuillerées de sauce béchamel réduite ; mélez-y ce que vous avez passé au tamis, ainsi que les queues coupées en dés, avec une pincée de cayenne. Emplissez avec cet appareil vos coquilles d'écrevisses ; lissez bien avec un petit couteau d'office, de manière que toutes les carapaces soient de même grosseur ; semez-y par-dessus un peu de chapelure et les arroser de beurre fondu ; rangez-les sur un plafond d'office ; poussez-les ensuite à four chaud quelques moments avant de les servir ; l'on peut servir sur serviette ou sur gradin ou tambour.

Vatroushkies.

Foncez des petits moules à tartelette avec des rognures de feuilletage très mince ; d'un autre côté, mettez un demi-litre de lait dans une terrine, la couvrir avec un linge et la mettre à une température chaude pendant quelque temps ; la remettre ensuite dans un endroit frais afin de l'activer à tourner ; lorsqu'il est froid, mettre le lait dans une casserole pour le faire chauffer sans bouillir. Lorsque vous voyez que le lait caillebote, l'égoutter dans une mousseline quelques minutes afin qu'il n'y reste plus d'eau ; le passer ensuite sur un tamis fin en y ajoutant le quart de son poids de beurre fin et deux jaunes d'œufs. Si toutefois cet appareil était trop ferme, on pourrait y ajouter une cuillerée de crème, de manière que sa consistance soit à peu près celle d'une crème frangipane ; ajoutez-y sel, muscade et une pincée de cayenne ; remplir les tartelettes au tiers de leur hauteur, les cuire à four chaud 12 minutes et servir chaud sur serviette.

En Russie, l'on mange ces petits savoury avec le potage.

Petits Bavarois au Fromage.

Mettez 6 jaunes d'œufs dans une casserole, sel, poivre, une pointe de cayenne, délayez les jaunes avec un demi-litre de lait ; mettez le tout sur le feu comme pour une anglaise, de manière que l'appareil se lie sans bouillir ; ajoutez, après sa liaison terminée, 3 feuilles de gélatine, que vous aurez mis tremper dans l'eau à l'avance, afin qu'elle puisse se dissoudre au contact de la chaleur de l'appareil ; ajoutez-y en même temps une bonne poignée de parmesan râpé ; laissez refroidir jusqu'au commencement de sa coagulation. A ce moment, ajoutez le double de crème fouettée ; en remplir les petits moules à dariole que vous aurez légèrement huilés d'avance, les mettre ensuite dans de la glace pilée.

Au moment du service, démoulez vos petits bavarois

que vous servez sur serviette ou sur fond de riz entouré de persil frais.

Petites Bombes Indoues.

Prenez les chairs d'un homard moyen (cuit), coupez-les en petites lames, passez un peu d'oignon dans une casserole avec un morceau de beurre, un peu de poudre de curry et un soupçon de chutnee du Bengale ; mêlez-y vos tranches de homard quelques minutes, mouillez ensuite légèrement avec un peu de crème double ; lorsque le tout est assez cuit, pilez et passez au tamis fin, mettez cette purée sur glace ou dans un endroit frais ; d'un autre côté, chemisez des petits moules à tartelettes (beurrés d'avance) avec de la pâte à brioche, mais très mince ; emplissez ensuite à moitié vos tartelettes avec la purée de homard ; recouvrez-les ensuite avec une légère couche de pâte à brioche en ayant bien soin de bien souder le couvercle, les laisser revenir au frais doucement.

Dix minutes avant de les servir, les plonger dans la friture chaude, ensuite les égoutter sur un linge, les dresser sur serviette ou sur tambour entouré de persil frit.

Canapé des Briards.

Coupez dans un pain de mie de belles tranches de pain d'un demi-centimètre d'épaisseur que vous faites griller devant un feu vif ; lorsque vos tranches sont grillées et encore chaudes, étendez dessus une couche

de fromage de Coulommiers bien fait ; divisez vos tranches en petits carrés longs sur 4 centimètres de largeur
sur 5 de longueur ; placez-les sur une plaque d'office ;
parsemez dessus un peu de parmesan râpé et une
pointe de cayenne ; poussez-les à four chaud ou glacez-
les à la salamandre ; servir bien chaud sur serviette.

Les Biscotins de Suzanne.

Ce petit savoury a l'avantage de pouvoir être préparé
à l'avance.

Cassez dans une terrine deux œufs entiers et trois
jaunes ; les délayer avec un demi-litre de crème, du
sel, du poivre de cayenne, un peu de muscade, une
poignée de gruyère râpé et autant de parmesan.

Beurrez douze petits moules à tartelettes assez pro-
fonds, les remplir avec l'appareil qui vient d'être décrit.
Placez les moules dans un sautoir avec un peu d'eau
chaude, les faire pocher au four modéré en ayant soin,
toutefois, que l'eau ne bouille pas.

D'un autre côté, coupez à l'emporte-pièce des tranches de brioche rassie de l'épaisseur d'un centimètre et
de même grandeur que les moules à tartelettes, et les
faire frire dans du beurre clarifié ; lorsque les tartelettes sont pochées et démoulées, les placer aussitôt sur
les rondelles de brioche frite, ensuite l'on sème un peu
de fromage de parmesan râpé par-dessus et on les
glace à la salamandre ou pelle rouge.

Gondoles Vénitiennes.

Foncez des petits moules à tartelette (dit moule à bateaux) avec de la pâte fine à foncer, emplissez ces tartelettes de riz et cuisez-les aux trois quarts de leur cuisson ; lorsqu'ils sont sortis du four, retirez-en le riz et laissez-les de côté ; d'une autre part, faites un petit appareil à soufflé de homard très fin et monté à la crème fouettée sans oublier d'y ajouter une pincée de cayenne ; un peu avant le service, emplissez vos petits bateaux avec votre appareil, soit avec une poche ou un cornet de papier de manière à en former une spirale ; les pousser au four ; lorsqu'ils sont pochés, placez-y une crevette épluchée de chaque côté et servez sur tambour ou sur serviette entourée de persil frais.

Dartois au Fromage.

Prenez un morceau de feuilletage à 7 tours, faites-en deux bandes d'égale longueur et de même largeur, abaissez la première plus mince que celle qui doit recouvrir l'autre, mettez la première sur une plaque, mouillez-en les bords, garnissez cette bande d'une crème cuite au fromage de parmesan refroidie dans laquelle vous y aurez ajouté une pincée de cayenne.

Couvrez cette bande garnie avec l'autre en ayant soin de bien souder les bords avec le pouce en appuyant autour de la bande, dorez-la dessus, la rayer avec la pointe d'un couteau d'office en marquant les distances du découpage ; lorsque votre bande sera cuite, un peu avant la cuisson terminée, passez un peu de crème

dessus avec un pinceau, semez-y un peu de parmesan
râpé, finissez de les glacer au four ; lorsque vos dartois
sont de belle couleur, découpez-les et servez sur serviette.

Filets de Saumon fumé.

Coupez de petits filets sur un morceau de saumon
fumé de la largeur d'un doigt et de la longueur de trois
centimètres : coupez également sur un pain de mie de
petits canapés un peu plus longs et un peu plus larges
que les filets de saumon, les faire frire au beurre clarifié, les égoutter, les garnir ensuite avec un beurre d'anchois bien assaisonné ; passez vos petits filets de saumon une minute au four, dressez-les sur vos canapés
et servez sur serviette.

Petites Darioles au Fromage.

Foncez de petits moules à darioles avec de la pâte à
foncer très fine, emplissez-les avec un appareil ainsi
composé : 3 cuillerées de farine dans une terrine, 3
verres de lait, 2 jaunes et deux œufs entiers, un quart
de fromage de parmesan râpé et deux onces de beurre
frais ; mêlez la farine avec les œufs et mouillez doucement avec le lait ; lorsque l'appareil est bien mêlé,
emplissez vos moules à darioles et poussez-les au four.
Après cuisson, démoulez-les, semez un peu de fromage
râpé par dessus et servez sur serviette.

Huîtres soufflées à l'Indienne.

Choisissez des huîtres de Cancale bien fraîches et uniformes de grandeur, les ouvrir, en enlever les huîtres que vous mettez dans une sauce à curry pour les faire pocher ; faites-les refroidir sur un plat, de manière que chaque huître soit nappée de sauce.

Avec une brosse rude, nettoyez les coquilles les plus profondes et les mieux faites, les égoutter sur un tamis pour les faire sécher. Ayez ensuite un peu de farce de merlan que vous montez à la crème fouettée, mettez de cette farce dans le milieu de chaque coquille d'huître, placez dans le milieu une huître entourée de sa sauce, recouvrez-la ensuite de farce en en formant un dôme léger, lissez bien la farce avec un couteau : au moyen d'un cornet, faites autour de petits points, passez légèrement dessus un peu de chapelure et poussez au four pour les pocher quelques minutes avant le service.

Dressez sur tambour ou sur serviette.

Gnochis de Gruyère au Gratin.

Foncez des petits moules à bateaux en pâte fine et très mince ; d'un autre côté, faites une pâte à choux commune au lait dans laquelle vous y incorporez du fromage de gruyère râpé. Beurrez un plat à sauter, faites, avec le moyen de deux cuillers, des quenelles avec cette pâte à moitié de la grandeur de vos tartelettes ; faites-les pocher à l'eau bouillante, les égoutter ensuite sur un linge et les refroidir. Ayez ensuite de la bonne sauce béchamel dans laquelle vous y aurez

introduit un peu de gruyère râpé et une pointe de
cayenne. Mettez-en un peu dans le fond de vos tartelettes foncées ainsi qu'une quenelle dessus et nappez-la
légèrement, de manière que les bords de la tartelette ne
soient pas couverts par la sauce ; semez-y un peu de
chapelure ainsi qu'un peu de beurre fondu ; poussez à
four chaud quelques minutes, le temps de cuire les tartelettes.

Servez sur serviette bien chaud.

Sardines à la Roquebrune.

Coupez dans un pain de mie de petits croûtons de la
largeur de deux doigts et à moitié de longueur d'une
belle sardine ; passez-les au beurre, afin qu'ils soient de
belle couleur ; les faire refroidir ; nappez-les ensuite
avec un beurre d'anchois. Ayez des œufs cuits durs
que vous hachez très fin, le blanc et le jaune séparément ; prenez vos sardines dont vous enlevez la tête, la
queue et les arêtes ; placez chaque sardine au milieu
d'un croûton et remplissez le vide avec le jaune et le
blanc d'œuf hachés, semez par dessus un peu de persil
haché ainsi qu'une petite pointe de cayenne. Ce savoury
peut se manger froid ou chaud.

Tartelette de Spaghetti Napolitaine.

Foncez des petits moules à tartelettes avec de la
pâte très fine, les emplir de riz, les cuire à moitié

17.

comme il est indiqué (croûte, etc.). Lorsqu'elles sont cuites, en retirer le riz et les laisser dans un endroit sec.

D'autre part, faites blanchir des spaghetti (petit macaroni), les égoutter, les couper de deux centimètres de longueur, les lier ensuite avec un peu de sauce béchamel, un bon morceau de beurre frais et une bonne poignée de parmesan râpé, assaisonnez le tout sans oublier une pointe de cayenne ; quelque temps avant de servir, emplissez vos petites tartelettes à moitié et finissez-les avec une moitié de tomate épluchée et épépinée d'avance ; faire attention que la tomate soit bien assaisonnée et de la même largeur que la tartelette ; il faut choisir pour cela des petites tomates prunes, dites pommes d'or de Naples ; en France comme partout nous en avons, elles se trouvent maintenant assez communes. Poussez vos tartelettes à four assez vif ; après cuisson, servez sur serviette.

Petits Soufflés au Parmesan.

Huilez des petites caisses à soufflés en papier, passez-les une minute au four, afin que l'huile adhère au papier.

Faites un appareil ainsi composé : 100 grammes de farine délayée avec un bon verre de lait, ajoutez sel, poivre, muscade et un morceau de beurre fin, tournez cet appareil dans une casserole sur le feu jusqu'à ce qu'il prenne de la consistance d'une frangipane ; retirez alors du feu, ajoutez-y une bonne poignée de parmesan râpé, mêlez à cet appareil 4 jaunes d'œufs ainsi que les blancs fouettés en dernier lieu. Emplir vos petites caisses, semez-y par-dessus un peu de parmesan râpé, les pousser au four pendant 15 à 20 minutes, selon la chaleur du four, car cela ne doit pas attendre. Aussitôt cuit, les servir sur serviette bien chaude, sans cela les soufflés retomberaient. Ce service doit se faire vivement.

Ramequins au Gruyère.

Préparez une pâte à choux commune et au lait, deux onces de beurre, un peu de sel et poivre et cayenne, trois onces de farine tamisée que vous mettez lorsque le lait est en ébullition ; desséchez cette pâte quelques minutes et mouillez-la ensuite avec trois œufs entiers battus par petites parties, de manière que votre pâte prenne du corps ; lorsque votre pâte est bien lisse, ajoutez-y trois onces de gruyère coupé en petits dés, couchez vos ramequins sur une plaque de la grosseur d'un marron, dorez-les et placez sur chaque une petite lame de gruyère, poussez-les au four modéré. Après cuisson, servez sur serviette.

Petits Gâteaux au Camembert.

Choisissez un bon Camembert bien fait, le nettoyer de sa n enveloppe grise et ne conserver que le milieu que vous mettez dans une terrine avec le tiers de son volume de beurre fin. Maniez le tout ensemble avec une cuiller de bois de manière à en former une pâte lisse, mêlez-y ensuite la même quantité de farine, du sel, poivre et une pointe de cayenne. Mettez cette pâte au frais ou à la glace, afin de la raffermir. Lorsqu'elle est assez ferme, abaissez-la de manière à en couper de petites galettes de la grandeur d'une pièce de 5 francs. Rangez ces petits gâteaux sur une plaque, dorez-les et parsemez-y dessus un peu de parmesan râpé, cuisez à four modéré. Ces petits gâteaux doivent être servis chauds, soit sur serviette ou sur tambour.

Tartelettes d'Œufs au Curry.

Foncez des petits moules à tartelettes avec de la pâte très fine, faites-les cuire avec du riz ; après cuisson, nettoyez-les et conservez-les dans un endroit sec. D'une autre part, faites durcir quelques œufs dont vous coupez le blanc en petits dés. Mêlez ce salpicon à une bonne sauce crémeuse au curry dans laquelle vous y aurez ajouté un peu de chutnee du Bengale. Au moment du service, emplissez vos tartelettes et passez par-dessus les jaunes à travers un tamis en fer, de manière à couvrir les tartelettes entièrement. Servez sur serviette ou tambour.

Sardines frites à la Diable.

Prenez de petites sardines bien fraîches, les nettoyer, les essuyer sur un linge pour en retirer l'humidité, les poudrer d'un peu de farine, ensuite les faire mariner dans une sauce Diable ainsi composée : Mettez dans une terrine ou un grand bol deux cuillerées de moutarde anglaise, une cuillerée de sauce anchois et deux cuillerées de Worcester sauce (sauce anglaise), remuez bien le tout ensemble, salez, poivrez, mêlez-y vos sardines de manière que chaque sardine soit englobée de cette sauce ; d'un autre côté, ayez une bonne pâte à frire et du saindoux au feu pour friture ; lorsque votre friture est chaude à point, trempez vos sardines dans la pâte à frire et plongez-les à friture chaude, remuez-les dans la friture avec une écumoire de manière que la friture soit de belle couleur. A mesure que vous voyez que les sardines sont frites, égouttez-les à mesure sur un tamis en fer, semez par dessus un peu de sel mêlé et une pincée de cayenne ; servez en buisson sur serviette bien chaude et entourée de persil frit.

Rissoles au Gruyère.

Prenez 125 grammes de gruyère bien frais, coupez-le en petits dés, très fin, ayez deux ou trois cuillerées de sauce béchamel très ferme que vous mêlez à votre fromage coupé. Assaisonnez de haut goût sans oublier une pincée de cayenne, laissez cet appareil dans une terrine pour vous en servir au moment.

D'une autre part, prenez du feuilletage à 8 tours ou des rognures, ce qui vous serait plus facile. Abaissez votre pâte très mince, mouillez votre abaisse avec un pinceau ; placez, avec une cuiller à café, un peu de votre appareil à fromage de place en place, l'un à côté de l'autre ; les recouvrir avec l'abaisse de manière à en former une petite demi-lune que vous soudez et coupez avec un coupe-pâte cannelé. Les passer ensuite à la panure et les frire de belle couleur, les servir ensuite sur serviette entourée de persil frit.

Filets de Hareng sur Canapé.

Choisissez plusieurs harengs fumés, passez-les à l'eau bouillante pour enlever la peau. Enlevez-en les filets, les parer proprement sans qu'il y reste d'arêtes, placez ces filets dans une assiette creuse ou tout autre récipient pour les faire mariner avec un peu d'huile d'olive et un peu de cayenne. Faites aussi de petits canapés dans un pain de mie, tenez-les un peu plus grands que les filets de hareng, les passer au beurre clarifié afin qu'ils soient de belle couleur. Garnir ces petits canapés d'un peu de pâte d'anchois, placez dessus vos filets de hareng, les pousser au four quelques minutes et les dresser sur serviette.

Grisinis au Fromage.

Prenez de la pâte à brioche bien ferme, faites-en une abaisse et mettez-la sur glace pour la raffermir. Lorsqu'elle est assez ferme pour la couper, détaillez de petits bâtonnets de 8 centimètres de longueur sur 1 centimètre de largeur, mouillez-les à l'œuf battu et trempez-les ensuite dans du parmesan râpé dans lequel vous aurez ajouté une pincée de cayenne, placez-les sur une plaque d'office beurrée et les pousser à four chaud. Après cuisson, les dresser en buisson sur serviette ou sur un tambour.

Petits Sablés au Parmesan.

Faites une pâte ainsi composée : mettez 125 gr. de farine sur le tour, faites-en une fontaine, mettez-y une pincée de sel et un peu de cayenne, 125 gr. de beurre fin, 125 gr. de parmesan râpé et une cuillerée de crème double, maniez le tout ensemble légèrement de manière à ne pas l'échauffer, laissez-la reposer quelque temps dans un endroit frais ou sur glace. Lorsque vous avez un moment pour la détailler, abaissez cette pâte, coupez dans cette abaisse avec un coupe-pâte des petits ronds de la grandeur d'une pièce de 5 francs.

FIN DES HORS-D'ŒUVRE

TABLE DES MATIÈRES

.

TABLE ALPHABÉTIQUE

DES

MATIÈRES

Bouillons, Soupes et Potages

Entrées et Relevés

Entremets de Légumes

Entremets Sucrés

13

Menus

Hors-d'Œuvre et Savoureux

Gravures

Arcis-sur-Aube. — Imprimerie Léon FRÉMONT.

EN VENTE

A la Bibliothèque de L'ART CULINAIRE

12, Rue de l'Abbaye, Paris

Adresse télégraphique : ART CULINAIRE, PARIS

Œuvres d'Auguste HÉLIE

TRAITÉ GÉNÉRAL DE LA CUISINE MAIGRE

1 vol. de 340 pages

contenant les Potages, Entrées et Relevés, Entremets de Légumes, Sauces, Entremets sucrés, avec un Appendice de Gras et Maigre et un Supplément contenant le Traité des Hors-d'œuvre et Savoureux ; ouvrage orné d'un grand nombre d'illustrations, préface par Chatillon-Plessis.

1 vol. cartonné : 6 fr.

TRAITÉ des HORS-D'ŒUVRE et SAVOUREUX

1 vol. de plus de 80 pages

contenant tous les Hors-d'œuvre d'avant et d'après le repas, avec nombreuses illustrations.

Cartonné : 2 fr.

L'ART CULINAIRE

(12e ANNÉE)

Revue universelle illustrée de la Cuisine, de la Pâtisserie de la Confiserie

MONITEUR DES SCIENCES ALIMENTAIRES

Paraît le 15 et le 30 de chaque mois

RÉDACTION ET ADMINISTRATION :

PARIS — 12, Rue de l'Abbaye, 12 — PARIS

ABONNEMENTS :

Un An : FRANCE, **12** fr. ; ETRANGER, **15** fr.

Le Numéro : **60 centimes** (franco)

L'*Art culinaire* est la Revue spéciale la plus importante du monde et la seule dont la lecture constitue un enseignement complet de la Cuisine, de la Pâtisserie et des Sciences alimentaires.

L'*Art culinaire* a fondé les Expositions culinaires et l'Ecole professionnelle de cuisine (Ecole normale des Sciences alimentaires de Paris, 1891).

L'*Art culinaire* forme chaque année un volume de plus de 300 pages, texte compact, équivalent à 500 pages de texte ordinaire, et un grand nombre d'illustrations.

L'abonnement comprend un ou plusieurs numéros exceptionnels : *Noël-Gourmand*, *Paris-Gourmand*, etc., d'après les saisons ou les contrées de France ou d'Etranger qui en font le sujet spécial.

Son prix le met à la disposition de tous.

Les jeunes gens de la profession, pris par le service militaire, peuvent continuer à le recevoir au corps, avec une réduction de moitié sur le prix.

Les collections de l'*Art culinaire* sont le véritable livre d'or de la profession culinaire. Elles contiennent plus de 10,000 recettes modernes, signées des noms de plus de mille collaborateurs et plus de 20,000 articles ou chroniques spéciales.

Elles peuvent, prises dans leur totalité, être livrées à des conditions de payements successifs n'excédant pas un délai de six mois. (Envoi des conditions sur demande affranchie).

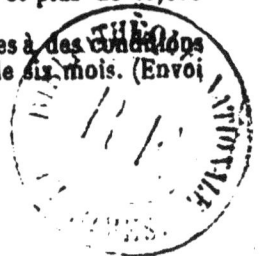

www.ingramcontent.com/pod-product-compliance
Lightning Source LLC
Chambersburg PA
CBHW060354200326
41518CB00009B/1146